Konrad Reif

Herausgeber

Basiswissen Hybridantriebe und alternative Kraftstoffe

Springer Vieweg

Herausgeber
Prof. Dr.-Ing. Konrad Reif
Duale Hochschule Baden-Württemberg
Ravensburg, Campus Friedrichshafen
Friedrichshafen, Deutschland
editor@reif.re

Grundlagen Kraftfahrzeugtechnik lernen

ISBN 978-3-658-18092-8

Die Deutsche Nationalbibliothek verzeichnet diese Publikation in der Deutschen Nationalbibliographie; detaillierte bibliographische Daten sind im Internet über http://dnb.d-nb.de abrufbar.

Springer Vieweg
© Springer Fachmedien Wiesbaden GmbH 2018

Gedruckt auf säurefreiem und chlorfrei gebleichtem Papier.

Springer Vieweg ist Teil von Springer Nature
Die eingetragene Gesellschaft ist Springer Fachmedien Wiesbaden GmbH
Die Anschrift der Gesellschaft ist: Abraham-Lincoln-Str. 46, 65189 Wiesbaden, Germany

Vorwort

Die beständige, jahrzehntelange Vorwärtsentwicklung der Fahrzeugtechnik zwingt den Fachmann dazu, mit dieser Entwicklung Schritt zu halten. Dies gilt nicht nur für junge Leute in der Ausbildung und die Ausbilder selbst, sondern auch für jeden, der schon länger auf dem Gebiet der Fahrzeugtechnik und -elektronik arbeitet. Dabei nimmt neben den klassischen Gebieten Fahrzeug- und Motorentechnik die Elektronik eine immer wichtigere Rolle ein.
Die Aus- und Weiterbildungsangebote müssen dem Rechnung tragen, genauso wie die Studienangebote.

Der Fachlehrgang „Grundlagen Kraftfahrzeugtechnik lernen" nimmt auf diesen Bedarf Bezug und bietet mit zehn Einzelthemen einen leichten Einstieg in das wichtige und umfangreiche Gebiet der Kraftfahrzeugtechnik. Eine fachlich fundierte und anwendungsorientierte Darstellung garantiert eine direkte Verwertbarkeit des Fachlehrgangs in der Praxis. Die leichte Verständlichkeit machen diesen für das Selbststudium besonders geeignet.

Der hier vorliegende Teil des Fachlehrgangs mit dem Titel „Basiswissen Hybridantriebe" behandelt die Hybridantriebe für Kraftfahrzeuge in einer kompakten und übersichtlichen Form. Dabei wird auf Funktionalitäten, Antriebsstrukturen sowie die Steuerung und Bordnetze von Hybridfahrzeugen eingegangen. Außerdem werden Brennstoffzellen und alternative Kraftstoffe behandelt. Dieser Teil des Fachlehrgangs wurde aus der 4. Auflage des Buches „Ottomotor-Management" und aus dem Buch „Konventioneller Antriebsstrang und Hybridantriebe" aus der Reihe Bosch Fachinformation Automobil neu zusammengestellt.

Friedrichshafen, im Oktober 2017   Konrad Reif

Inhaltsverzeichnis

Herausgeber

Prof. Dr.-Ing. Konrad Reif

Autoren

Dipl.-Ing. Thomas Huber,
Dr.-Ing. Jan Lichtermann,
Prof. Dr.-Ing. Konrad Reif,
   Duale Hochschule Baden-Württemberg.
(Hybridantriebe)

M. Sc. Ian Faye,
Dr. rer. nat. Ulrich Gottwick,
Dr.-Ing. Hans-Peter Gröter.
(Elektroantriebe für Hybridfahrzeuge)

Dr. rer. nat. Werner Grünwald,
Dr.-Ing. Karsten Mann,
Dr.-Ing. Boyke Richter.
(Bordnetze für Hybridfahrzeuge)

Dipl.-Ing. Arthur Schäfert,
Dr.-Ing. Dirk Vollmer,
Dipl.-Ing. Achim Wach.
(Brennstoffzellen)

Dipl.-Ing. Andreas Posselt,
Dr. rer. nat. Winfried Langer,
Dipl.-Ing. Peter Kolb,
Dr. rer. nat. Jörg Ullmann,
Prof. Dr.-Ing. Konrad Reif,
   Duale Hochschule Baden-Württemberg.
(Alternative Kraftstoffe)

Soweit nicht anders angegeben, handelt es
sich um Mitarbeiter der Robert Bosch GmbH.

Hybridantriebe

Merkmale

Ein elektrisches Hybridfahrzeug (Hybrid Electric Vehicle, HEV) verwendet zum Antrieb sowohl einen Verbrennungsmotor als auch mindestens eine elektrische Maschine. Dabei gibt es eine Vielzahl von Antriebsstrukturen, die zum Teil verschiedene Optimierungsziele verfolgen und die in unterschiedlichem Maße elektrische Energie zum Antrieb des Fahrzeugs nutzen. Mit dem Einsatz von elektrischen Hybridantrieben werden im Wesentlichen drei Ziele verfolgt: Reduzierung des Kraftstoffverbrauchs, Reduzierung der Schadstoffemissionen und Erhöhung von Drehmoment und Leistung (zur Verbesserung der Fahrdynamik).

Hybridfahrzeuge benötigen einen elektrischen Energiespeicher, der den elektrischen Antrieb versorgt. Bei derzeitigen Lösungen handelt es sich um eine Traktionsbatterie in Nickel-Metall-Hydrid- oder Lithium-Ionen-Technik auf einem vergleichsweise hohen Spannungsniveau im Bereich von 200 V – 400 V.

Der elektrische Antrieb besteht aus einer elektrischen Maschine und einem Pulswechselrichter. Die verwendeten elektrischen Maschinen sind in der Regel permanenterregte Synchronmaschinen mit einer hohen Leistungsdichte. Der elektrische Antrieb bietet konstant hohe Drehmomente bei niedrigen Drehzahlen. Dadurch ergänzt er in idealer Weise den Verbrennungsmotor, dessen Drehmoment erst bei mittleren Drehzahlen ansteigt. Elektrischer Antrieb und Verbrennungsmotor zusammen können so aus jeder Fahrsituation heraus eine hohe Dynamik zur Verfügung stellen (Bild 1).

Die Kombination des elektrischen und des verbrennungsmotorischen Antriebs hat folgende Vorteile gegenüber einem konventionellen Antriebsstrang:

Die Unterstützung durch den elektrischen Antrieb ermöglicht es, den Verbrennungsmotor vorwiegend im Bereich seines besten Wirkungsgrades zu betreiben oder in Bereichen, in denen nur geringe Schadstoffemissionen entstehen (es erfolgt eine Betriebspunktoptimierung).

Die Kombination mit einem elektrischen Antrieb ermöglicht den Einsatz eines kleineren Verbrennungsmotors bei gleichbleibender Gesamtleistung (leistungsneutrales Downsizing).

Weiterhin kann ein länger übersetztes Getriebe bei gleichbleibenden Fahrleistungen zum Einsatz kommen. Dadurch erfolgt eine Verschiebung der Betriebspunkte des Verbrennungsmotors in Bereiche mit besserem Wirkungsgrad (Downspeeding).

Durch den generatorischen Betrieb der elektrischen Maschine kann beim Bremsen ein Teil der Bewegungsenergie des Fahrzeugs in elektrische Energie umgewandelt werden. Die elektrische Energie wird im Energiespeicher gespeichert und kann später für den Antrieb genutzt werden.

In bestimmten Antriebsstrukturen kann der elektrische Antrieb zum rein elektrischen Fahren genutzt werden. Dabei ist der Verbrennungsmotor abgeschaltet und das Fahrzeug wird emissionsfrei betrieben.

Funktionalitäten

Der Verbrennungsmotor und der elektrische
Antrieb tragen je nach Betriebszustand und
geforderter Antriebsleistung in unterschiedlichem Maße zur Fahrzeugbewegung bei.
Die Hybridsteuerung legt die Leistungsauf-
teilung zwischen den beiden Antrieben fest.
Die Art des Zusammenwirkens von Verbrennungsmotor, elektrischem Antrieb und
Energiespeicher bestimmt die unterschiedlichen Funktionalitäten.

Start-Stopp-Funktionalität

Bei der Start-Stopp-Funktionalität wird der
Verbrennungsmotor zeitweise abgeschaltet,
ohne dass der Fahrer den Zündschlüssel betätigt. Das Abschalten erfolgt typischerweise
beim Fahrzeugstillstand, der Wiederstart
erfolgt automatisch, sobald der Fahrer wei-
terfahren will.

Regeneratives Bremsen

Beim regenerativen Bremsen wird das
Fahrzeug nicht – oder nicht nur – durch
das Reibmoment der Betriebsbremse abge-
bremst, sondern durch ein generatorisches
Bremsmoment der elektrischen Maschine.
Sie wandelt dabei kinetische Energie des
Fahrzeugs in elektrische Energie um, die im
Energiespeicher gespeichert wird (Bild 2).
Regeneratives Bremsen wird auch als re-
kuperatives Bremsen oder Rekuperation
bezeichnet.

Hybridisches Fahren

Hybridisches Fahren bezeichnet die Zustände, in denen der Verbrennungsmotor und
der elektrische Antrieb das Antriebsmoment

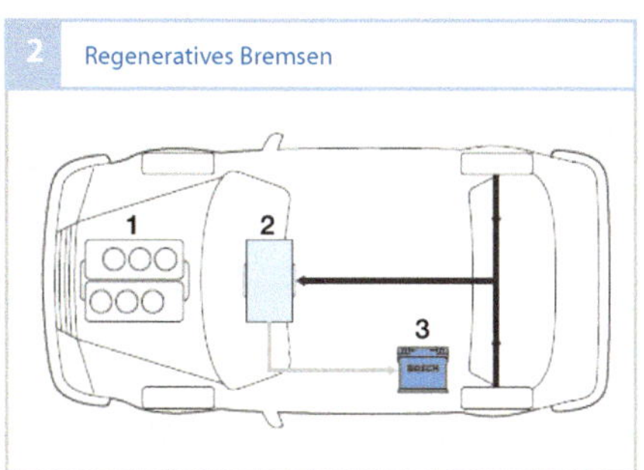

Bild 2
Die Pfeile geben den
Energiefluss an.
1 Verbrennungsmotor
2 elektrische Maschine
3 Batterie

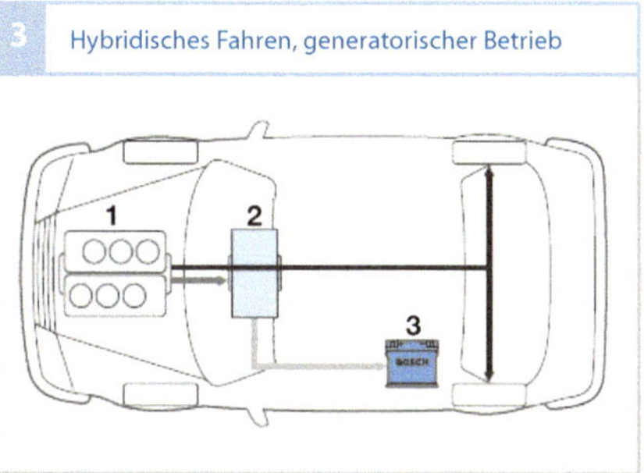

Bild 3
Die Pfeile geben den
Energiefluss an.
1 Verbrennungsmotor
2 elektrische Maschine
3 Batterie

gemeinsam ausüben. Das hybridische Fahren kann man weiter unterteilen in generatorischen und motorischen Betrieb der
elektrischen Maschine.

Im generatorischen Betrieb (Bild 3) wird
der elektrische Energiespeicher aufgeladen.
Zu diesem Zweck wird der Verbrennungsmotor so betrieben, dass er eine größere
Leistung abgibt, als für den gewünschten
Vortrieb des Fahrzeugs erforderlich ist. Der
überschüssige Leistungsanteil wird der elektrischen Maschine zugeführt und in elektrische Energie umgewandelt, die im Energiespeicher gespeichert wird.

Im motorischen Betrieb (Bild 4) wird der
elektrische Energiespeicher entladen. Der
elektrische Antrieb unterstützt den Verbrennungsmotor bei der Bereitstellung der gewünschten Vortriebsleistung.

4 Hybridisches Fahren, motorischer Betrieb

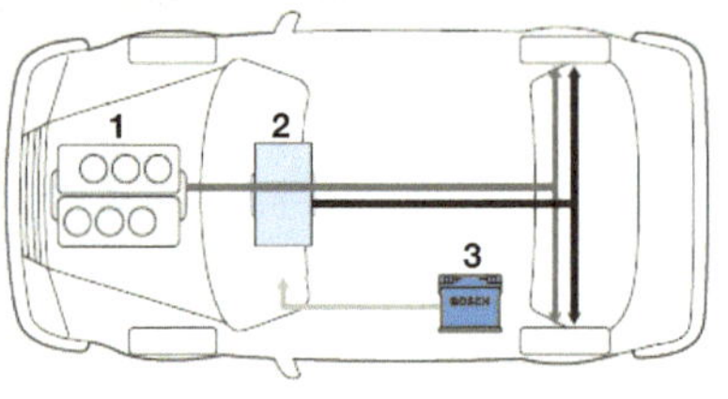

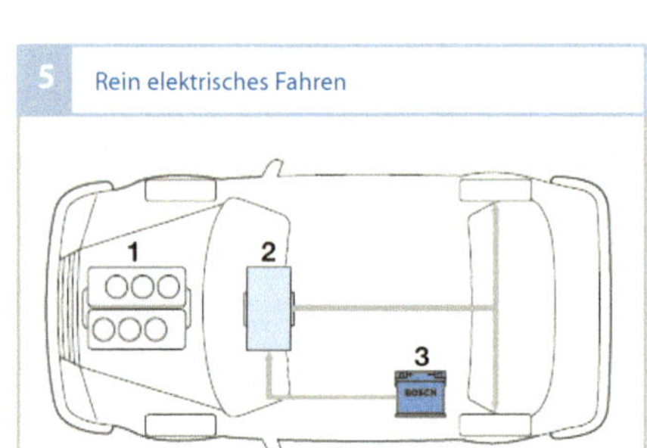

Bild 4
Die Pfeile geben den Energiefluss an.
1 Verbrennungsmotor
2 elektrische Maschine
3 Batterie

5 Rein elektrisches Fahren

Bild 5
Die Pfeile geben den Energiefluss an.
1 Verbrennungsmotor
2 elektrische Maschine
3 Batterie

Rein elektrisches Fahren

Beim rein elektrischen Fahren wird das Fahrzeug alleine durch den elektrischen Antrieb angetrieben. Der Verbrennungsmotor wird dafür vom Fahrzeugantrieb abgekoppelt und ausgeschaltet (Bild 5). In diesem Betriebsmodus kann das Fahrzeug nahezu lautlos und lokal emissionsfrei fahren.

Nachladen an der Steckdose

Beim Nachladen an der Steckdose kann das Fahrzeug über ein Ladegerät mit dem Stromnetz verbunden und damit der elektrische Energiespeicher nachgeladen werden.

Funktionale Klassifikation

Hybridfahrzeuge können anhand realisierter Funktionalitäten in verschiedene Klassen eingeteilt werden (Tabelle 1).

Start-Stopp-System

Ein Start-Stopp-System realisiert die Funktionalitäten „Start-Stopp“ und regeneratives Bremsen. Dazu wird die Generatorsteuerung im konventionellen Fahrzeug angepasst. Im normalen Fahrbetrieb arbeitet der Generator mit einer geringen Leistung. In Schubphasen wird die Leistung des Generators erhöht, um einen größeren Anteil der Fahrzeugverzögerung „zur Energieerzeugung“ zu verwenden. Mit einem Start-Stopp-System können im neuen europäischen Fahrzyklus (NEFZ) zwischen 4 % und 5 % Kraftstoff eingespart werden.

Mild-Hybrid

Der Mild-Hybrid bietet zusätzlich zur Start-Stopp-Funktionalität und zum regenerativen Bremsen die Möglichkeit des hybridischen Fahrens inklusive generatorischem und motorischem Betrieb. Rein elektrisches Fahren ist nicht möglich. Der elektrische Antrieb kann zwar den Fahrzeugvortrieb alleine bewerkstelligen, allerdings wird dabei der Verbrennungsmotor immer mitgeschleppt. Mit einem Mild-Hybrid können im neuen europäischen Fahrzyklus zwischen 10 % und 15 % Kraftstoff eingespart werden.

Vollhybrid

Der Vollhybrid kann zusätzlich zu den Funktionalitäten des Mild-Hybrids über kürzere Strecken allein mit dem elektrischen Antrieb fahren. Der Verbrennungsmotor wird während des elektrischen Fahrens abgestellt. Mit einem Vollhybrid können im neuen europäischen Fahrzyklus zwischen 20 % und 30 % Kraftstoff eingespart werden.

Funktionalität	Hybridsystem			
	Start-Stopp-System	Mild-Hybrid	Vollhybrid	Plug-in-Hybrid
Start-Stopp-Funktionalität	●	●	●	●
Regeneratives Bremsen	●	●	●	●
Elektrische Unterstützung		●	●	●
Elektrisches Fahren			●	●
Laden an der Steckdose				●

Tab. 1
Funktionalitäten und Hybridsysteme

Plug-in-Hybrid

Vollhybride können alternativ auch als Plug-in-Hybride ausgeführt werden. Diese bieten die Möglichkeit, die Traktionsbatterie aus der Steckdose über ein entsprechendes Ladegerät zu laden. Dabei ist der Einsatz einer Batterie mit höherem Energieinhalt sinnvoll, um längere Strecken rein elektrisch zurücklegen zu können. In der Regel wird die Leistung des elektrischen Antriebs so erhöht, dass ein normaler Fahrbetrieb mit dem elektrischen Antrieb allein möglich ist. Mit einem Plug-in-Hybrid können im neuen europäischen Fahrzyklus zwischen 50 % und 70 % Kraftstoff eingespart werden. Die Werte sind in dieser Größenordnung, weil ein Teil der Energie zur Fahrzeugbewegung aus dem Elektrizitätsnetz kommt und nicht direkt dem Kraftstoffverbrauch zugerechnet wird.

Antriebsstrukturen

Bei Hybridfahrzeugen gibt es unterschiedliche Möglichkeiten, Verbrennungsmotor, Getriebe und elektrische Maschinen anzuordnen. Die verschiedenen Antriebsstrukturen können anhand von möglichen Energieflüssen in die drei Kategorien parallele, serielle und leistungsverzweigte Hybridantriebe eingeteilt werden.

Paralleler Hybridantrieb

Bei parallelen Hybridantrieben tragen der Verbrennungsmotor und ein elektrischer Antrieb unabhängig voneinander zum Fahrzeugantrieb bei. Die beiden Energieflüsse aus Verbrennungsmotor und Batterie laufen somit parallel zueinander, die beiden Leistungen addieren sich zu einer Gesamt-Antriebsleistung. Parallele Hybridantriebe gibt es als Mild-Hybrid-Variante (mit Start-Stopp-Funktionalität, regenerativem Bremsen und hybridischem Fahren) oder als Vollhybrid-Variante (zusätzlich noch mit elektrischem Fahren).

Ein grundlegender Vorteil des Parallelhybrids ist die Möglichkeit, den konventionellen Antriebsstrang in weiten Bereichen beizubehalten. Der Entwicklungs- und Einbauaufwand für parallele Antriebsstrukturen ist im Vergleich zu seriellen und leistungsverzweigten Antriebsstrukturen niedriger, da meistens nur eine elektrische Maschine mit geringerer elektrischer Leistung benötigt

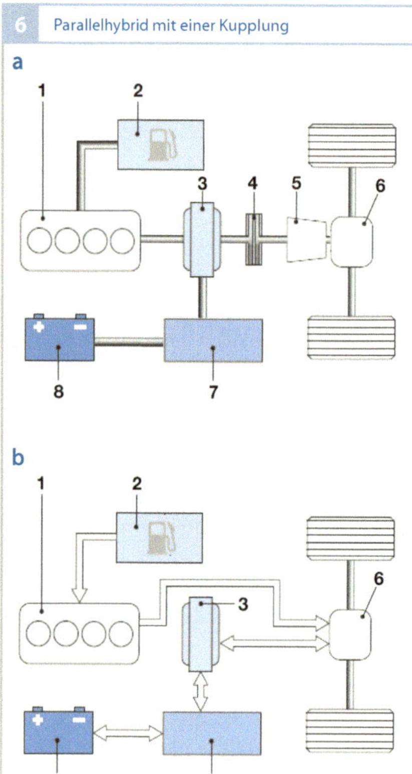

Bild 6
a) Antriebsstruktur
b) Energiefluss

1 Verbrennungsmotor
2 Tank
3 elektrische Maschine
4 Kupplung
5 Getriebe
6 Achsantrieb
7 Pulswechselrichter
8 Batterie

Der Pulswechselrichter wandelt die Gleichspannung an der Batterie in eine Wechselspannung zur Versorgung der elektrischen Maschine um und umgekehrt.

elektrisches Fahren ist mit dieser Antriebsstruktur nicht möglich. Der elektrische Antrieb kann zwar als alleinige Antriebsquelle eingesetzt werden, der Verbrennungsmotor wird aber auch beim Fahren immer mitgeschleppt. Der elektrische Antrieb kann zur Unterstützung des Verbrennungsmotors eingesetzt werden und dadurch das dynamische Fahrverhalten deutlich verbessern.

Ein paralleler Vollhybrid kann auf mehrere Arten aufgebaut werden. Naheliegend ist die folgende Erweiterung (Bild 7): Zwischen Verbrennungsmotor und elektrischer Maschine wird eine weitere Kupplung eingebaut, die das beliebige Zu- und Abschalten des Verbrennungsmotors erlaubt. Dadurch wird rein elektrisches Fahren ermöglicht. Zudem kann der Verbrennungsmotor in Verzögerungsphasen abgekoppelt werden. Das erhöht zum einen das Potential für regeneratives Bremsen. Zum anderen erlaubt es den so genannten Segelbetrieb, bei dem das Fahrzeug frei rollt und nur durch Luftwiderstand und Rollreibung verzögert wird.

Für die Akzeptanz dieser Antriebsstruktur ist es sehr wichtig, den Start des Verbrennungsmotors aus dem elektrischen Fahren heraus ohne Komforteinbußen zu ermöglichen. Es gibt zwei unterschiedliche Möglichkeiten, dies zu erreichen.

Bei der ersten Möglichkeit wird der Verbrennungsmotor bei geöffneter Kupplung durch einen separaten Starter gestartet und es gibt keine unerwünschte Rückwirkung auf die Fahrzeugbewegung. Dazu ist allerdings ein separater Starter erforderlich, den man im Hybridfahrzeug eigentlich einsparen kann.

Eine andere Möglichkeit besteht darin, den Verbrennungsmotor, den elektrischen Antrieb und die Kupplung so anzusteuern, dass während des Motorstarts die Rückwirkung auf die Fahrzeugbewegung kompensiert wird. Dazu benötigt eine intelligente

wird und die notwendigen Anpassungen bei der Umstellung eines konventionellen Antriebsstrangs kleiner ausfallen.

Bei der in Bild 6 gezeigten Variante ist die elektrische Maschine direkt mit dem Verbrennungsmotor verbunden. Im Gegensatz zu seriellen und leistungsverzweigten Antriebsstrukturen kann die Drehzahl des Verbrennungsmotors nicht unabhängig von der Drehzahl des elektrischen Antriebs eingestellt werden. In Verzögerungsphasen des Fahrzeugs kann der Verbrennungsmotor nicht von der elektrischen Maschine abgekoppelt werden und wird damit immer mitgeschleppt. Das Schleppmoment des Verbrennungsmotors verringert dabei das Potential für das regenerative Bremsen. Rein

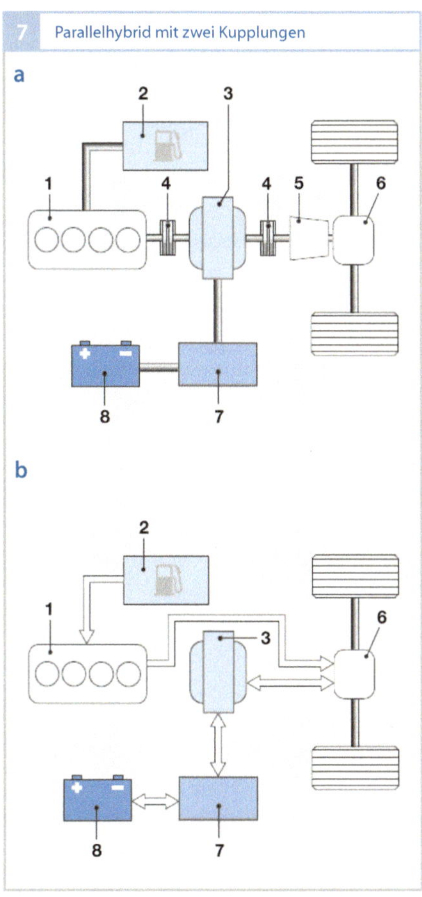

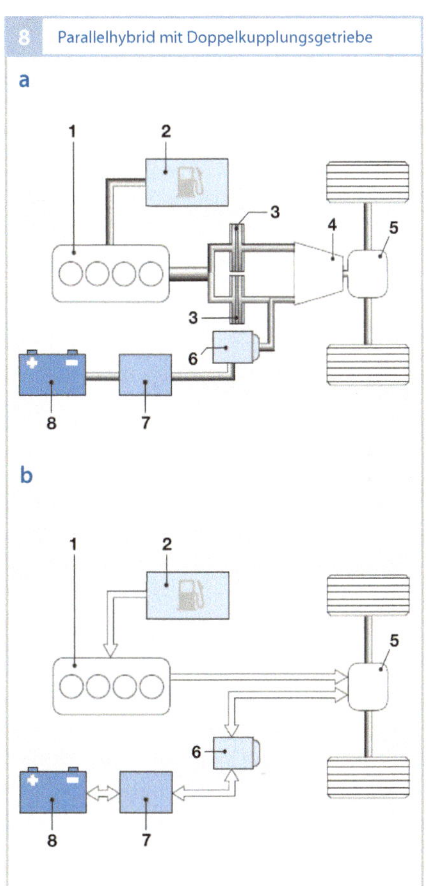

Bild 7
a) Antriebsstruktur
b) Energiefluss

1 Verbrennungsmotor
2 Tank
3 elektrische Maschine
4 Kupplung
5 Getriebe
6 Achsantrieb
7 Pulswechselrichter
8 Batterie

Bild 8
a) Antriebsstruktur
b) Energiefluss

1 Verbrennungsmotor
2 Tank
3 Kupplung
4 Doppelkupplungs-
  getriebe
5 Achsantrieb
6 elektrische Maschine
7 Pulswechselrichter
8 Batterie

Steuerung Zugriffe auf Messwerte aus dem Verbrennungsmotor, dem elektrischen Antrieb und der Kupplung dazwischen. Die Kupplung muss in der Lage sein, sich an die wechselnden Verhältnisse im laufenden Betrieb automatisch anzupassen und den Vorgaben der Steuerung zu folgen.

Der Einbau der zusätzlichen Kupplung zwischen Verbrennungsmotor und elektrischer Maschine führt zu einer Verlängerung des Antriebsstrangs. Bei manchen Fahrzeugen ist daher der benötigte Einbauraum für diese Antriebskonfiguration nicht vorhanden.

Hier kann die Integration der elektrischen Maschine in ein Doppelkupplungsgetriebe

(Bild 8) Abhilfe schaffen. Die elektrische Maschine ist nicht mehr mit der Kurbelwelle des Verbrennungsmotors, sondern mit einem Teilgetriebe des Doppelkupplungsgetriebes verbunden. Bei dieser Anordnung entfällt die zusätzliche Kupplung zwischen Verbrennungsmotor und elektrischer Maschine. Rein elektrisches Fahren mit stehendem Verbrennungsmotor ist durch Öffnen der Doppelkupplung des Getriebes möglich. Daher handelt es sich bei dieser Anordnung ebenfalls um einen parallelen Vollhybrid. Je nach eingelegtem Gang im Teilgetriebe mit der elektrischen Maschine ist eine unterschiedliche Übersetzung zwischen Verbren-

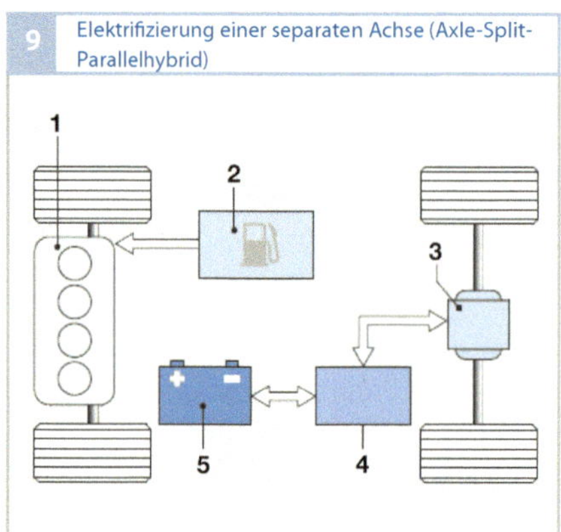

nungsmotor und elektrischer Maschine möglich. Dadurch ergibt sich ein zusätzlicher Freiheitsgrad für die Hybridsteuerung, der zur weiteren Verringerung des Kraftstoffverbrauchs genutzt werden kann.

Eine weitere parallele Antriebsstruktur ergibt sich durch die Elektrifizierung einer separaten Achse (Bild 9). Hier wird ein konventioneller Antriebsstrang mit Verbrennungsmotor und Getriebe auf einer angetriebenen Achse mit einer elektrisch angetriebenen Achse kombiniert. Zum Vollhybrid wird die Antriebskonfiguration, sobald der Verbrennungsmotor abgeschaltet und abgekuppelt werden kann, während der elektrische Antrieb das Fahrzeug antreibt. Dazu werden ein automatisiertes Getriebe und ein Start-Stopp-System für den Verbrennungsmotor benötigt. Diese Antriebsstruktur gehört zu den parallelen Hybridantrieben, weil sich die Leistungen von Verbrennungsmotor und elektrischem Antrieb addieren. Im Gegensatz zu den bisher vorgestellten Antriebsstrukturen liegt der Additionspunkt nicht innerhalb des Antriebsstrangs, sondern auf der Ebene der angetriebenen Räder.

Das Nachladen der Traktionsbatterie erfolgt in diesem Fall durch regeneratives Bremsen. Im Fahrzeugstillstand ist das Nachladen der Traktionsbatterie nicht möglich. Durch Zusammenwirken von Verbrennungsmotor und elektrischem Antrieb kann ein Allradantrieb für das Fahrzeug realisiert werden. Die Verteilung der Antriebsmomente kann durch eine gezielte Ansteuerung des elektrischen Antriebs in weiten Grenzen verstellt werden. Ein dauerhafter Allradantrieb kann allerdings nur realisiert werden, wenn der elektrische Antrieb nicht nur über die Batterie versorgt wird, sondern eine zweite elektrische Maschine die benötigte elektrische Energie bereitstellen kann.

Mit einer zweiten elektrischen Maschine, die direkt mit dem Verbrennungsmotor verbunden ist (entweder an der Kurbelwelle oder im Riementrieb), kann zum einen ein dauerhafter Allradantrieb realisiert werden, zum anderen kann damit die Batterie auch während des Fahrzeugstillstands nachgeladen werden.

Serieller Hybridantrieb

Bei seriellen Hybridfahrzeugen (Bild 10) treibt der Verbrennungsmotor eine elektrische Maschine an, die als Generator arbeitet. Die dadurch erzeugte elektrische Leistung steht zusammen mit der Batterieleistung einer zweiten elektrischen Maschine zur Verfügung, die den Fahrzeugantrieb übernimmt. Aus Sicht der Energieflüsse liegt in diesem Fall eine Reihenschaltung vor. Ein serieller Hybrid ist immer ein Vollhybrid, da alle dazu benötigten Funktionalitäten (Start-Stopp-Funktionalität, regeneratives Bremsen, hybridisches Fahren, elektrisches Fahren) möglich sind.

Da es im seriellen Hybrid keine mechanische Verbindung zwischen Verbrennungsmotor und angetriebenen Rädern gibt, bietet diese Antriebsstruktur einige Vorteile. So wird im Antriebsstrang kein herkömmliches Stufengetriebe benötigt. Dadurch ergeben sich neue Freiräume für das Packaging des gesamten Antriebs. Zudem verursacht der Start des Verbrennungsmotors aus dem elektrischen Fahren heraus keine unerwünschte Rückwirkung auf die Fahrzeugbewegung. Im Fahrbetrieb ist der Hauptvorteil die freie Wahl des Betriebspunkts des Verbrennungsmotors. Dadurch wird eine kraftstoffsparende und emissionsarme Betriebsführung des Fahrzeugs unterstützt. Zudem kann der Verbrennungsmotor auf einen eingeschränkten Betriebsbereich optimiert werden.

Nachteilig beim seriellen Hybrid ist die doppelte elektrische Energiewandlung. Die Verluste durch die zweimalige Energiewandlung sind höher als im Fall einer rein mechanischen Übertragung durch ein Getriebe. Zudem werden für die Übertragung der Leistung des Verbrennungsmotors zwei elektrische Maschinen in derselben Leistungsklasse wie der Verbrennungsmotor benötigt.

Bei kleinen Geschwindigkeiten bietet ein serieller Hybrid trotz der höheren Verluste einen Verbrauchsvorteil, da hier die Vorteile durch die freie Betriebspunktwahl des Verbrennungsmotors überwiegen. Bei mittleren und höheren Geschwindigkeiten überwiegen die höheren Verluste.

Einsatzgebiete für den seriellen Hybrid sind zurzeit vor allem Diesel-elektrische Lokomotiven und Stadtbusse. Im Pkw-Bereich findet man serielle Antriebsstrukturen immer häufiger bei Elektrofahrzeugen, deren Reichweite im Bedarfsfall durch einen Verbrennungsmotor als „Range-Extender" erweitert wird.

Ein serieller Hybrid wird zum seriell-parallelen Hybrid (Bild 11) erweitert, indem eine mechanische Verbindung zwischen den beiden elektrischen Maschinen hergestellt wird, die durch eine Kupplung wahlweise verbunden oder getrennt wird. Der seriell-parallele Hybrid kann bei kleinen Geschwindigkeiten die Vorteile des seriellen Hybrids nutzen und die Nachteile bei größeren Ge-

schwindigkeiten durch Schließen der Kupplung umgehen. Im Fall der geschlossenen Kupplung verhält sich der seriell-parallele Hybrid wie ein Parallelhybrid. Da die doppelte Energiewandlung auf den Bereich kleinerer Geschwindigkeiten und Leistungen begrenzt wird, reichen für den seriell-parallelen Hybrid kleinere elektrische Maschinen als beim seriellen Hybrid aus. Im Vergleich zum seriellen Hybrid geht wegen der mechanischen Verbindung zwischen dem Verbrennungsmotor und den angetriebenen Rädern der Vorteil im Packaging verloren. Im Vergleich zum parallelen Hybrid werden für die gleiche Aufgabe zwei elektrische Maschinen benötigt.

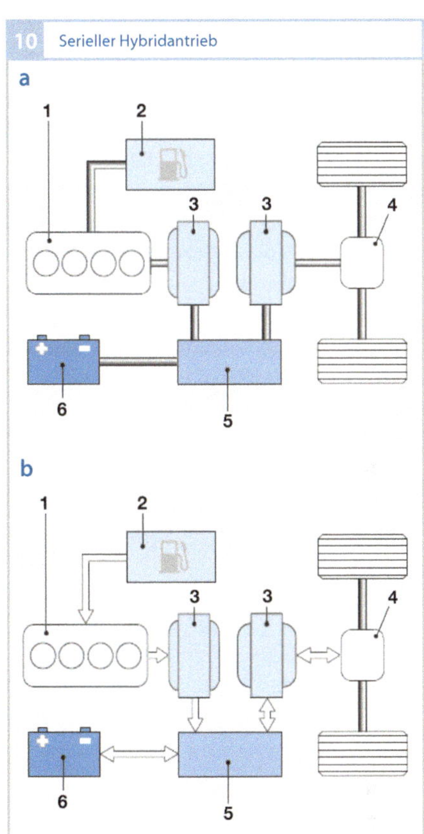

Bild 10
a) Antriebsstruktur
b) Energiefluss

1 Verbrennungsmotor
2 Tank
3 elektrische Maschine
4 Achsantrieb
5 Pulswechselrichter
6 Batterie

Leistungsverzweigter Hybridantrieb

Leistungsverzweigte Hybridfahrzeuge kombinieren Merkmale von parallelen und seriellen Hybridfahrzeugen mit denen einer Leistungsverzweigung. Ein Teil der Verbrennungsmotorleistung wird durch eine erste elektrische Maschine in elektrische Leistung umgewandelt, der verbleibende Teil treibt zusammen mit einer zweiten elektrischen Maschine das Fahrzeug an. Ein leistungsverzweigter Hybrid ist immer ein Vollhybrid, da alle dazu benötigten Funktionalitäten (Start-Stopp-Funktionalität, regeneratives Bremsen, hybridisches Fahren, elektrisches Fahren) möglich sind.

Der Aufbau ist in Bild 12 gezeigt. Zentrales Element ist ein Planetengetriebe, mit dessen drei Wellen der Verbrennungsmotor und zwei elektrische Maschinen verbunden sind. Wegen der kinematischen Randbedingungen am Planetengetriebe kann die Drehzahl des Verbrennungsmotors innerhalb gewisser Grenzen unabhängig von der Fahrzeuggeschwindigkeit eingestellt werden. In Anlehnung an ein stufenloses Getriebe (Continuously Variable Transmission, CVT) spricht man von einem elektrischen stufenlosen Getriebe (ECVT).

Durch das Planetengetriebe wird ein Teil der Leistung des Verbrennungsmotors über einen mechanischen Pfad an die angetriebenen Räder weitergegeben. Der andere Teil der Leistung kommt über einen elektrischen Pfad mit zweimaliger Energiewandlung zu

11 Seriell-paralleler Hybridantrieb

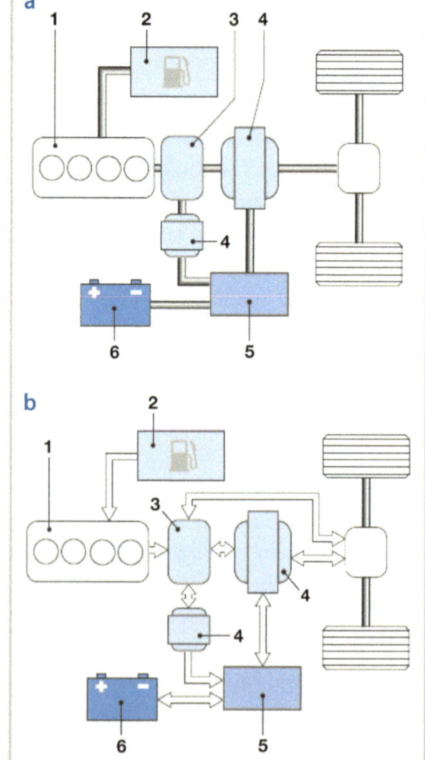

den angetriebenen Rädern. Ähnlich wie beim seriellen Hybrid kann bei kleinen angeforderten Leistungen der elektrische Übertragungspfad genutzt werden. Für größere Leistungen steht zusätzlich der mechanische Übertragungspfad zur Verfügung. Es kann allerdings nicht beliebig zwischen dem mechanischen und dem elektrischen Übertragungspfad gewechselt werden. Je nach Auslegung des Planetengetriebes, der elektrischen Maschinen und des Verbrennungsmotors sind ohne zusätzliche Getriebe immer nur bestimmte Kombinationen zwischen mechanischem und elektrischem Übertragungspfad möglich. Dadurch ermöglicht der leistungsverzweigte Hybrid eine große Kraftstoffeinsparung bei kleinen und mittleren Geschwindigkeiten. Bei hohen Geschwindigkeiten kann keine zusätzliche Kraftstoffeinsparung erreicht werden.

Im leistungsverzweigten Hybrid werden, ähnlich wie beim seriellen Hybrid, elektrische Maschinen mit relativ großen Leistungen im Bereich der installierten Verbrennungsmotorleistung benötigt.

Durch den Einsatz eines zweiten Planetengetriebes kann der leistungsverzweigte Hybrid um mechanische, feste Gangstufen erweitert werden. Der mechanische Aufwand steigt dabei, der elektrische Aufwand wird reduziert. Es genügen dann kleinere elektrische Maschinen für ein vergleichbares Konzept. Zudem kann der Kraftstoffverbrauch bei mittleren und höheren Geschwindigkeiten verbessert werden.

Steuerung von Hybridfahrzeugen

Die Effizienz, die mit dem jeweiligen Hybridantrieb erzielt werden kann, hängt entscheidend von der übergeordneten Hybridsteuerung ab. Bild 13 zeigt am Beispiel eines Fahrzeugs mit parallelem Hybridantrieb die Funktions- und Softwarestruktur sowie die Vernetzung der einzelnen Komponenten und Steuergeräte im Antriebsstrang. Die übergreifende Hybridsteuerung koordiniert das gesamte System, wobei die Teilsysteme über eigene Steuerungsfunktionalitäten verfügen. Es handelt sich dabei um Batterie-Management, Motor-Management, Management der elektrischen Maschine, Getriebe-Management und Management des Bremssystems. Neben der reinen Steuerung der Teilsysteme beinhaltet die Hybridsteuerung auch eine Betriebsstrategie, die die Betriebsweise des Antriebsstrangs optimiert. Die Betriebsstrategie nimmt Einfluss auf die verbrauchs- und emissionsreduzierenden Funktionen des Hybridfahrzeugs, d. h. auf Start-Stopp-Betrieb des Verbrennungsmotors, regeneratives Bremsen, hybridisches und elektrisches Fahren.

Betriebsstrategien für Hybridfahrzeuge

Die Betriebsstrategie bestimmt die Aufteilung der Antriebsleistung auf Verbrennungsmotor und elektrischen Antrieb. Damit entscheidet sie, inwieweit die Potentiale zur Kraftstoffeinsparung und Emissionsminderung eines Fahrzeuges ausgenutzt werden. Die Betriebsstrategie muss zudem die unterschiedlichen Hybridfunktionalitäten wie regeneratives Bremsen, hybridisches und elektrisches Fahren umsetzen.

Die Auswahl und Umschaltung zwischen den einzelnen Zuständen erfolgt unter Berücksichtigung zahlreicher Bedingungen, die beispielsweise die Fahrpedalstellung, den La-

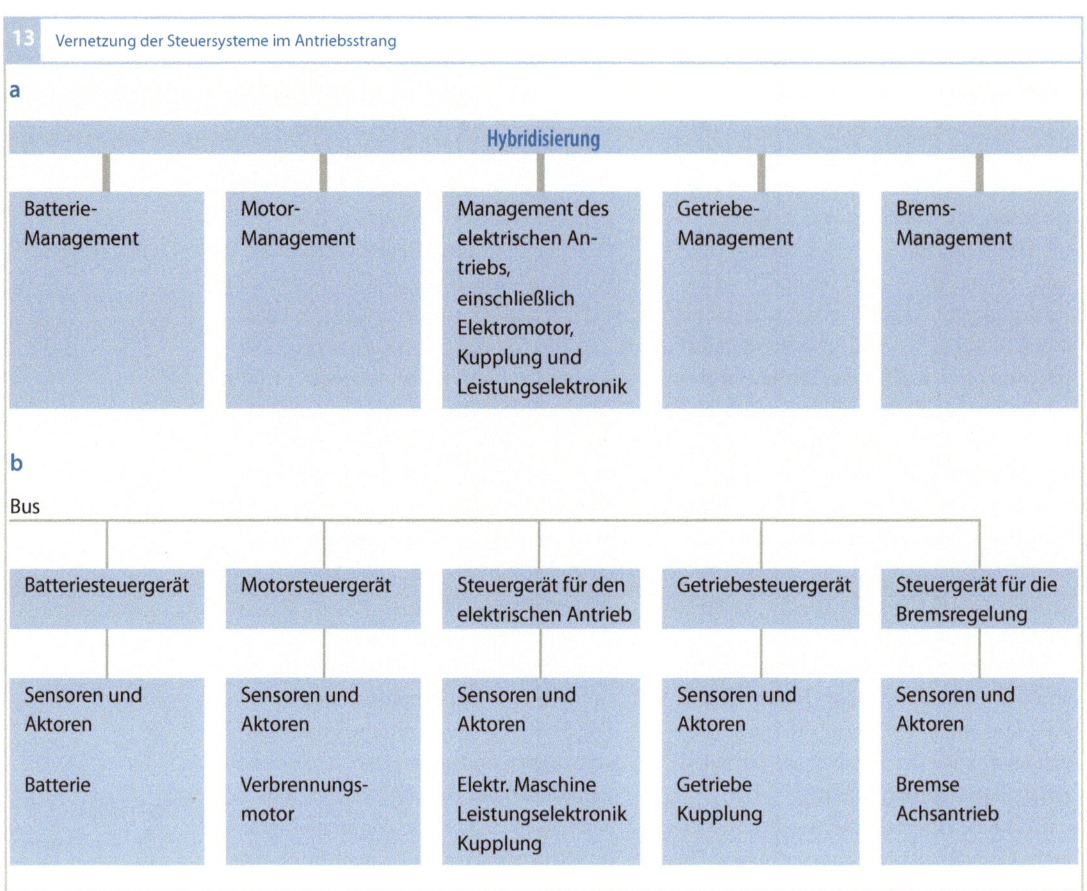

Bild 13
a) Funktions- und Softwarestruktur
b) Komponenten des Antriebsstrangs und zugehörige Steuergeräte

dezustand der Batterie und die Geschwindigkeit des Fahrzeuges betreffen. Je nach Optimierungsziel (z. B. Kraftstoffeinsparung oder Emissionsminderung) ergibt sich ein unterschiedliches Verhalten der Komponenten im Hybridfahrzeug.

Betriebsstrategie zur NO_x-Reduzierung

Fahrzeuge mit mager betriebenen Verbrennungsmotoren erreichen schon im Teillastbetrieb relativ niedrige Verbrauchswerte. Im Teillastbetrieb ist aber der Einfluss der Reibleistung recht groß, so dass auch der spezifische Kraftstoffverbrauch hoch ist. Zudem führen niedrige Verbrennungstemperaturen und lokaler Sauerstoffmangel im niedrigen Teillastbereich zu hohen Kohlenmonoxid- und Kohlenwasserstoff-Emissionen. Schon ein elektrischer Antrieb mit relativ kleiner Leistung kann den Verbrennungsmotor als Antrieb im niedrigen Lastbereich ersetzen. Wenn sich die notwendige elektrische Energie durch regeneratives Bremsen gewinnen lässt, kann diese einfache Strategie einen großen Vorteil für Kraftstoffverbrauch und Emissionen erbringen.

Bild 14 zeigt, in welchen Bereichen der Verbrennungsmotor im neuen europäischen Fahrzyklus (NEFZ) vornehmlich betrieben wird. Der Pkw-Dieselmotor wird sowohl bei niedriger Teillast (d. h. bei schlechten Wirkungsgraden und hohen HC- und CO-Emissionen) als auch bei mittlerer und höherer Last (d. h. im Bereich hoher NO_x-Emissionen) betrieben.

Bild 14 zeigt weiterhin den Bereich der Betriebspunkte für einen Parallelhybrid, der niedrige Verbrennungsmotorlasten durch rein elektrisches Fahren oder durch Lastpunktanhebung umgeht. Dadurch wird einerseits der Kraftstoffverbrauch reduziert, andererseits werden die – in diesem Bereich hohen – CO-, HC- und NO_x-Emissionen verringert. Für eine weitere Senkung der NO_x-Emissionen können durch den gleichzeitigen Betrieb von elektrischem Antrieb und Verbrennungsmotor die Lastpunkte im mittleren Lastbereich abgesenkt werden.

Betriebsstrategie zur CO_2-Reduzierung

Bei Fahrzeugen mit stöchiometrisch betriebenen Ottomotoren können aufgrund des eingesetzten Dreiwegekatalysators niedrigste Emissionswerte realisiert werden. Bei diesen Fahrzeugen liegt der Fokus auf der Reduzierung des Kraftstoffverbrauchs und damit auch der CO_2-Emissionen. Bild 15 zeigt für verschiedene Antriebsstrukturen eine mögliche Optimierung des Betriebsbereichs des Verbrennungsmotors hinsichtlich minimaler CO_2-Emissionen.

Im neuen europäischen Fahrzyklus werden Verbrennungsmotoren in konventionellen Fahrzeugen bei niedriger Teillast und damit bei schlechtem Wirkungsgrad betrieben. Beim Fahrzeug mit parallelem Hybridantrieb können niedrige Verbrennungsmotorlasten durch rein elektrisches Fahren vermieden werden (Bild 15a). Da die benötigte elektrische Energie in der Regel nicht ausschließlich durch Rekuperation gewonnen werden kann, wird die elektrische Maschine anschließend generatorisch betrieben. Hieraus resultiert im Vergleich zum konventio-

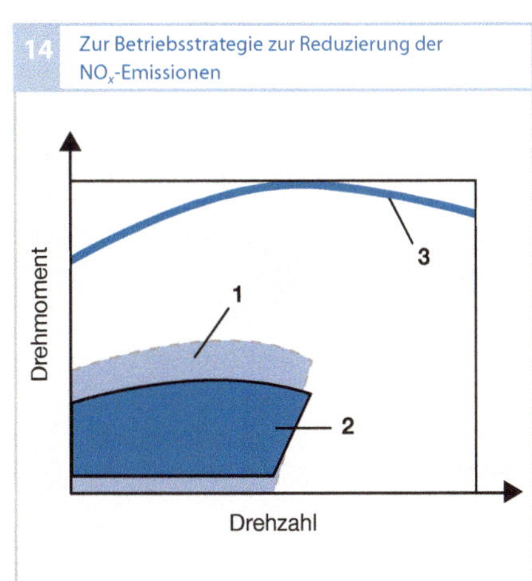

14 Zur Betriebsstrategie zur Reduzierung der NO_x-Emissionen

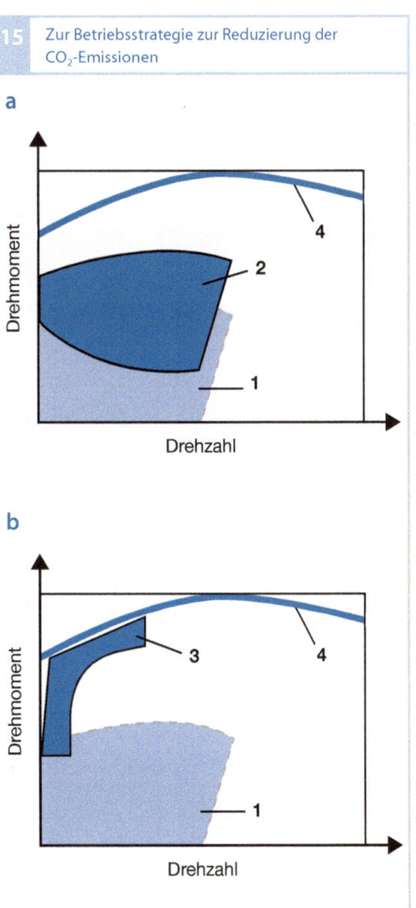

15 Zur Betriebsstrategie zur Reduzierung der CO_2-Emissionen

Bild 14
Bereiche der Betriebspunkte im neuen europäischen Fahrzyklus:
1 Rein verbrennungsmotorischer Antrieb
2 Parallelhybrid-Antrieb mit Betriebsstrategie zur Reduzierung der NO_x-Emissionen
3 maximales Drehmoment des Verbrennungsmotors

Bild 15
Bereiche der Betriebspunkte im neuen europäischen Fahrzyklus:
a) Vergleich eines rein verbrennungsmotorischen Antriebs mit einem Parallelhybrid-Antrieb
b) Vergleich eines rein verbrennungsmotorischen Antriebs mit einem leistungsverzweigten Hybridantrieb

1 Rein verbrennungsmotorischer Antrieb
2 Parallelhybrid-Antrieb
3 leistungsverzweigter Hybridantrieb
4 maximales Drehmoment des Verbrennungsmotors

nellen Fahrzeug eine Verschiebung des Betriebs des Verbrennungsmotors zu höheren Lasten und damit zu besseren Wirkungsgraden.

Im Fall des leistungsverzweigten Hybridfahrzeugs (Bild 15b) wird der Betriebsbereich des Verbrennungsmotors gegenüber dem parallelen Hybridfahrzeug stärker eingeschränkt. Er wird in der Regel drehzahlabhängig bei der Last betrieben, bei der der gesamte Antriebsstrang energieoptimal arbeitet.

Regeneratives Bremssystem

Beim regenerativen Bremsen (auch als Rekuperation bezeichnet) wird bei Verzögerungsvorgängen die kinetische Energie des Fahrzeugs durch die elektrische Maschine, die dafür generatorisch betrieben wird, in elektrische Energie umgewandelt. So kann ein Teil der Energie, die beim Bremsen normalerweise als Reibungswärme verloren geht, in Form von elektrischer Energie in die Batterie eingespeist und anschließend genutzt werden.

Schleppmomentennachbildung

Eine einfache Möglichkeit, regeneratives Bremsen zu realisieren, ist die Schleppmomentennachbildung. Dabei wird die elektrische Maschine generatorisch betrieben, sobald der Fahrer vom Gas geht. Die Betätigung des Bremspedals ist dafür nicht erforderlich. Bei einem Vollhybrid wird der Verbrennungsmotor in diesem Fall abgekoppelt und die elektrische Maschine übt ein generatorisches Moment in der Größenordnung des Schleppmoments des Verbrennungsmotors aus. Lässt sich der Verbrennungsmotor nicht abkoppeln (wie z. B. bei einem Mild-Hybrid), kann alternativ ein geringeres generatorisches Moment zusätzlich zum Schleppmoment des Verbrennungsmotors auf den Antriebsstrang ausgeübt werden (Schleppmomentenerhöhung). Dadurch verändert sich das Fahrzeugverhalten gegenüber einem nicht hybridisierten Fahrzeug nur unwesentlich.

Regeneratives Bremssystem

Bei Bremsvorgängen kann die elektrische Maschine zusätzlich zur Schleppmomentennachbildung oder -erhöhung ein zusätzliches generatorisches Moment ausüben. Dadurch verzögert das Fahrzeug bei gleicher Bremspedalstellung schneller als ein vergleichbares konventionelles Fahrzeug. Das verfügbare generatorische Moment hängt von der Fahrzeuggeschwindigkeit, von dem eingelegten Gang und von dem Ladezustand der Batterie ab. Deshalb kann es selbst bei gleicher Bremspedalstellung zu unterschiedlich starkem Bremsverhalten des Fahrzeugs kommen. Dieser Unterschied im Bremsverhalten wird vom Fahrer als umso störender empfunden, je größer der Anteil des generatorischen Moments an der Fahrzeugverzögerung ist. Aus diesem Grund lassen sich mit diesem einfachen regenerativen Bremssystem nur geringe Leistungen rekuperieren.

Kooperativ regeneratives Bremssystem
Zur weiteren Ausnutzung der kinetischen Energie muss bei höheren Verzögerungen das Betriebsbremssystem modifiziert werden. Dazu muss das gesamte Reibmoment der Betriebsbremse oder ein Teil davon gegen ein regeneratorisches Bremsmoment ausgetauscht werden, ohne dass sich die Fahrzeugverzögerung bei konstant gehaltener Bremspedalstellung und -kraft ändert. Dies wird beim kooperativ regenerativen Bremssystem realisiert, bei dem Fahrzeugsteuerung und Bremssystem derart interagieren, dass stets genau so viel Reibbremsmoment zurückgenommen wird, wie generatorisches Bremsmoment von der elektrischen Maschine dargestellt werden kann.

Elektroantriebe für Hybridfahrzeuge

Elektrisch angetriebene Straßenfahrzeuge sind bereits in den 1920er Jahren in geringen Stückzahlen gebaut worden, erste Hybridfahrzeuge kamen in kleinsten Stückzahlen ab ca. 1980 auf den Markt. Relevante Stückzahlen erreichte jedoch erst der Toyota Prius ab Modelljahr 1998. Während zunächst ausschließlich der Gleichstrom-Kommutatormotor eingesetzt wurde, kam in den letzten 20 Jahren aufgrund der Fortschritte in der Stromrichtertechnik dann ausschließlich der Drehstrom-Antrieb zum Einsatz.

Die Elektroantriebe können sowohl motorisch (das Fahrzeug antreibend, Energie aus dem Speicher entnehmend) als auch generatorisch (das Fahrzeug abbremsend, Energie in den Speicher zurückspeisend) betrieben werden. Sie sind damit elektromechanische Energiewandler, die in beide Richtungen arbeiten können. Als Produktbezeichnung wurde deswegen der Begriff *Motor-Generator* gewählt.

Wesentliche Komponenten des Drehstromantriebs sind der Drehfeld-Antriebsmotor (E-Maschine, Bild 1) und ein Wechselrichter (Inverter), dessen Leistungselektronik die Gleichspannung der Batterie so auf die Phasenanschlüsse der

Maschine verteilt, dass ein dreiphasiges Drehspannungssystem entsteht (Bild 2). Meist wird noch ein Sensorsystem für die Bestimmung der Drehwinkelposition des Läufers (Rotors) der E-Maschine benötigt, um bestmögliche Ausnutzung und Regelungsqualität der E-Maschine zu erzielen.

Antriebe für Parallelhybrid-Fahrzeuge

Die Bosch-Erzeugnisse IMG (Integrierter Motor-Generator) und SMG (Separater Motor-Generator) sind vorwiegend für den Einsatz in Parallelhybrid-Triebsträngen vielfältiger Ausprägung ausgelegt. Hier sind insbesondere hohes Drehmoment und Dauerbetriebsfestigkeit gefordert. Zudem ist die Versorgungsspannung durch die direkte Speisung aus der Traktionsbatterie stark abhängig vom Arbeitspunkt des E-Antriebs.

Im Folgenden wird nur der IMG-Antrieb beschrieben. Er stellt die komplexere Variante gegenüber SMG dar. SMG-Antriebe sind bezüglich ihres Einsatzgebietes wesentlich vielfältiger, arbeiten prinzipiell jedoch auf gleiche Weise.

Bild 2

1 Zwischenkreis-Kondensator
2 IGBT-Leistungstransistor (Insulated Gate Bipolar Transistor)
3 Diode
4 IMG-E-Maschine

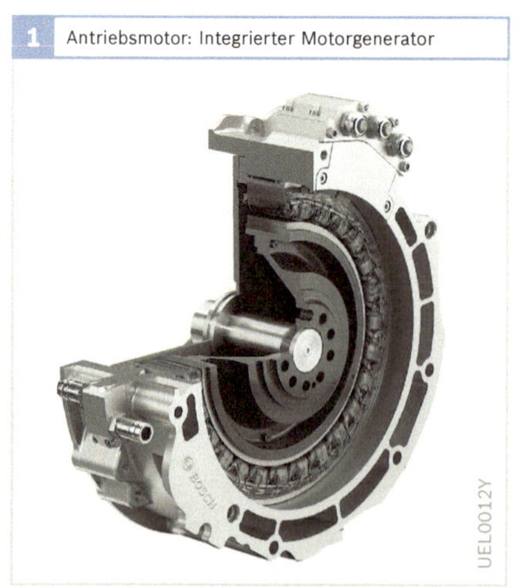

1 Antriebsmotor: Integrierter Motorgenerator

2 Prinzipschaltbild und Wirkungsweise des Inverters

E-Maschine für den IMG-Antrieb

Anforderungen

Durch die Anordnung der E-Maschine zwischen Verbrennungsmotor und Getriebeeingang ist hier eine axial minimal kurz bauende Maschinenart vorzusehen. Bei Verwendung einer Trennkupplung zwischen Verbrennungs- und E-Motor ist diese zusammen mit der E-Maschine bauraum-minimal zu integrieren, was heute nur mit hydraulisch betätigten Kupplungen möglich ist. Weiterhin ist eine hohe Drehmomentfähigkeit der E-Maschine erforderlich,

- um große Verbrennungsmotoren bei niedrigsten Temperaturen sehr schnell und sicher zu starten,
- um eine ausreichende Drehmomentreserve vorzuhalten für einen komfortablem Start des Verbrennungsmotors ohne Drehmomenteinbruch aus rein elektrischer Fahrt.

Bestmöglicher Wirkungsgrad der Maschine ist zu gewährleisten, da dieser unmittelbaren Einfluss auf den Kraftstoffverbrauch des Hybridfahrzeugs hat, denn es werden hier nennenswerte Anteile am Gesamt-Energiehaushalt des Fahrzeugs umgesetzt. Weitere Anforderungen sind Spannungsfestigkeit, Geräuscharmut sowie gute Wärmeabfuhr der Ständerwicklung über das Statorblechpaket an das Gehäuse.

Die Anforderungen werden am besten durch die permanentmagnet-erregte Synchronmaschine mit Einzelzahn-Wicklung erfüllt (Bild 3).

Wirkungsweise der IMG-E-Maschine

Bei der Einzelzahnbauweise wird die üblicherweise stark verschlungene Wicklung einer Drehfeldmaschine aufgelöst in einzelne, nebeneinander am Ständerumfang angeordnete Wicklungen. Diese umschließen jeweils nur einen Zahn des Stator-Blechpakets. Die aufeinander folgenden

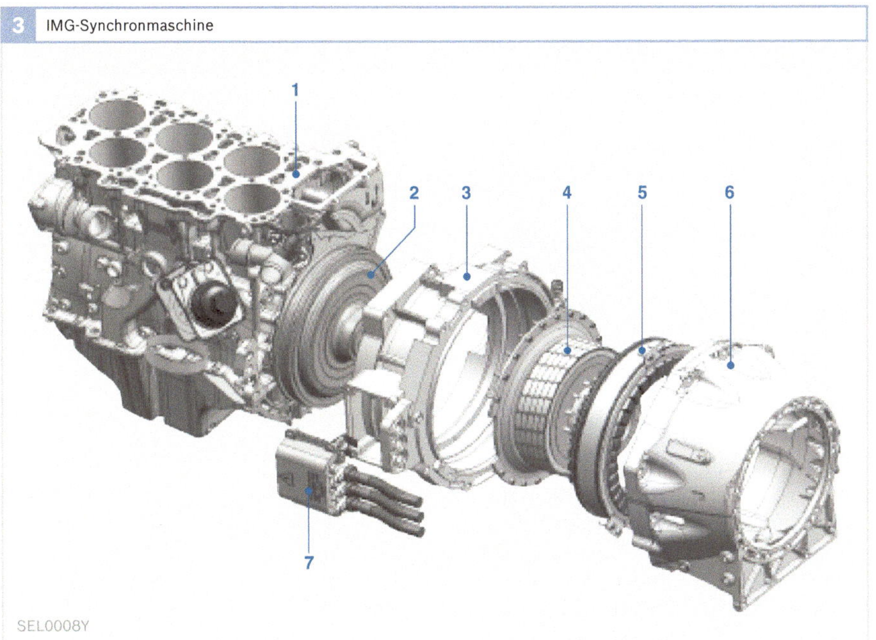

3 IMG-Synchronmaschine

SEL0008Y

Bild 3
1 Verbrennungsmotor
2 Kupplung motorseitig
3 Außengehäuse
4 Rotor
5 Stator / Innengehäuse
6 Wandlergehäuse
7 Anschlusskasten

Wicklungen werden in zyklischer Reihenfolge jeweils mit den Phasen 1 bis 3 der Anschlussklemmen verbunden.

Die Anschlüsse werden mit drei jeweils um 120 Grad phasenverschobenen Strömen gespeist. So bildet sich im Luftspalt zwischen Stator und Rotor ein sich gleichförmig bewegendes magnetisches Feld mit konstanter Stärke (Amplitude) aus. Man spricht von einem *Drehfeld*, da es sich im Maschinen-Arbeitsluftspalt drehend im Kreis bewegt. Die Bezeichnung *Drehfeldmaschine* ist als Überbegriff für Synchron- und Asynchronmaschinen gültig. Das Stator-Magnetfeld tritt in Wechselwirkung mit dem Magnetfeld, das bei der permanentmagnet-erregten Synchronmaschine durch Permanentmagnete im Rotor der E-Maschine gebildet wird. Es übt eine mitnehmende Kraft auf den Rotor aus, die als Drehmoment an der Welle des Rotors zur Verfügung steht. Der Rotor folgt hierbei dem Statormagnetfeld mit gleicher Drehzahl (synchron). Die Höhe von Drehmoment und Leistung wird über die Amplitude des Statorfeldes und den Verdrehwinkel zwischen Stator- und Rotor-Magnetfeld geregelt. Aus diesem Grunde ist die möglichst exakte Erfassung der Rotorlage bei der Synchronmaschine ausschlaggebend für die Güte der Drehmomentregelung.

Stator

Stator- und Rotor-Blechpakete sind aus dünnen (0,35 oder 0,5 mm), mit Silizium legierten, weichmagnetischen Elektroblechen geschichtet. Dies verhindert Wirbelstrombildung im Eisen und trägt zu gutem Wirkungsgrad bei.

Die Statorspulen sind aus doppelt lackisoliertem Kupferdraht von knapp 1 mm Stärke gewickelt. Für ein optimales Ergebnis ist es erforderlich, die für die Wicklungen (Nutquerschnitt) und für den Magnetfluss (Eisenquerschnitt) verfügbaren Flächen sowie die Windungszahlen und die Drahtstärken exakt abzustimmen. Die Wicklung wird zunächst auf einem Kunst-

stoff-Spulenträger Draht neben Draht („in Lage gewickelt") vorgefertigt. Über Verschaltungselemente, die den Strom aus den Haupt-Anschlussklemmen auf die Spulen verteilen, werden sie zu dreiphasiger Schaltung verbunden. Anschließend sorgt ein hochwertiger Tränk- oder Vergießprozess für die mechanische Fixierung, die endgültige Spannungsisolation und die Wärmeübertragung über den Spulenkörper an das Statoreisenpaket.

Rotor

Die Permanentmagnete im Läufer der E-Maschine bestehen zur Erzielung maximaler Drehmoment-Fähigkeit aus Neodym-Seltenerden-Legierung NdFeB. Bei Synchronmaschinen für übliche Anwendungen werden die Magnete auf der Oberfläche des Rotors durch Kleben oder Bandagieren fixiert. Für Hybrid-Kfz-Anwendung mit hohen Bauteiltemperaturen und hohen Fliehkräften ist jedoch eine komplexere Lösung notwendig: Die Magnete werden in Taschen geklebt, die durch ausgestanzten Löchern in den Rotorblechen entstehen (Bild 4). Weiterer Vorteil dieser Lösung ist die Reduzierung von Wirbelstromverlusten in den metallisch leitfähigen Permanentmagneten. Um die Magnetverluste nochmals zu reduzieren, werden die Magnete in Maschinen-Achsrichtung mehrfach unterteilt. Dies führt beim Bau

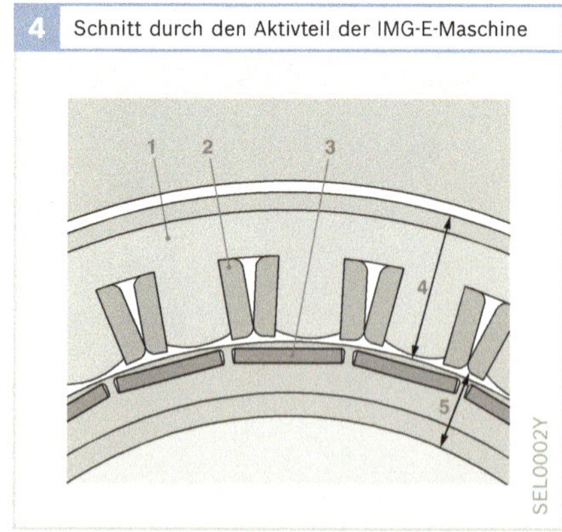

4 Schnitt durch den Aktivteil der IMG-E-Maschine

des Rotors zunächst zur Vorfertigung einzelner ca. 10 mm langer Ringe mit den Magnetstücken in den Taschen. Die endgültige Paketlänge des Rotors wird dann durch Hintereinanderschichten mehrerer solcher Ringe erzielt (Bild 5).

Zum Verbau der IMG-E-Maschine in den Triebstrang sind sowohl ein Gehäuse als auch eine Rotornabe notwendig. Im Fall des elektrisch fahrfähigen Parallel-Hybrids wird zusätzlich eine eigene Lagerung des Rotors zusammen mit der Kupplung zum Verbrennungsmotor notwendig.

Rotor-Lagerung

Die Lagerung besteht aus einem Hauptkugellager, das im gehäusefesten Lagerschild als Teil des IMG-Gehäuses montiert ist (Bild 6). Für einen einwandfreien Lauf der Trennkupplung zum Verbrennungsmotor hin wird dieses Hauptlager ergänzt durch ein Führungsnadellager in der Kurbelwelle. Die Lager der E-Maschine besitzen Fettschmierung auf Lebensdauer, wobei das Design hier besonders auf die erhöhten Temperaturen in diesem Bereich abgestimmt wird. Die abgehende Triebstrangseite wird in der Rotorstruktur der E-Maschine gelagert.

Statorgehäuse

Das Statorgehäuse erfüllt folgende Anforderungen:
- Bildung eines Kühlwasserkanals,
- drehmoment- und schwingungsfeste Fixierung des Stators,
- Wärmeabfuhr des Stators,
- schwingungsdynamisch sichere und montagefreundliche Verbindung von Verbrennungsmotor und Getriebe,
- Einbringung der Rotor-Lagesensorik für die Maschinenregelung,
- Einbringung des Lagerschilds für die Rotor-Eigenlagerung und die Kupplungsbetätigung (Nehmerzylinder),
- Träger für Phasenanschlüsse, Sensorikanschlüsse, Kühlwasseranschlüsse und Anschluss der Kupplungshydraulik.

Das Basisdesign bildet dabei eine zweischalige Alu-Druckguss-Ausführung aus einem kundenspezifischen Außengehäuse mit passenden Lochbildern für Verbrennungsmotor und Getriebeglocke und einem weitgehend standardisierten Innengehäuse zur Aufnahme von Stator und Rotorlage-Sensorik.

Kühlung der IMG-E-Maschine

Die Kühlung der E-Maschine ist abhängig vom Einsatzprofil des Hybridantriebs zu wählen. Beim Mild Hybrid mit i. W. intermittierendem Betrieb kann auf eine eigenständige Kühlung weitgehend verzichtet werden. Durch das Innenläufer-Design der E-Maschine steht eine hohe Wärmeübergangsfläche zum Aluminiumgehäuse zur Verfügung.

Bei Vollhybridfahrzeugen mit hohen Dauerbetriebsanforderungen für den E-Antrieb sorgt ein zusätzlicher Wassermantel zwischen Innen- und Außengehäuse für intensivierte Wärmeabfuhr. Aufgrund der eingesetzten Materialien ist die Verwendung von Verbrennungsmotorkühlwasser mit bis zu 110 °C und einem Durchfluss von min. 8 l/min aus dem Vorlauf möglich.

5 Aufbau des Rotorpakets aus Teilpaketen

SEL0009Y

Die Temperatur der Statorwicklung wird durch Temperatursensoren, die im Inverter-Steuergerät ausgewertet werden, überwacht. Auch im Rotor ist die Temperatur zu überwachen, da zu hohe Temperaturen zu einer irreversiblen Entmagnetisierung der Seltenerd-Permanentmagnete führen können. Diese Temperatur ist jedoch nicht direkt messbar. Ihre Überwachung erfolgt durch Beobachtersimulation in der Inverter-Software.

Von seiten der Trennkupplung ist nur ein geringer Wärmeeintrag zu erwarten, da hier nur kurzzeitiger reibungsbehafteter Betrieb stattfindet. Ein inniger Verbau der E-Maschine mit der Trennkupplung ist deshalb unkritisch. Ein kritischer Wärmeeintrag kann jedoch vom Anfahrelement am Getriebeeingang erfolgen, insbesondere wenn es sich um eine trockene Reibungskupplung handelt. Dieser Wärmeeintrag muss durch konstruktive Ansätze weitestgehend verhindert werden.

Die Leistungselektronik wird typischerweise über einen separaten Kühler entwärmt. Die maximale Kühlmitteltempe-ratur darf maximal 65 °C betragen und der Mindestdurchsatz beträgt auch hier 8 *l*/min. Auch hier kommt eine elektrische Zusatz-Kühlmittelpumpe zum Einsatz.

Rotorlage-Sensorik

Die maximale Drehmomentabgabe der Synchron-Maschine erfordert eine präzise berechnete Stromeinspeisung in die Statorwicklungen, abhängig vom Arbeitspunkt und von der augenblicklichen Rotorposition. Da beim Parallelhybrid keine Drehmomentregelung im Stillstand der Maschine erforderlich ist, genügt hier i. d. R. eine weniger präzise, kostengünstige und robuste Sensorik.

Für die Anwendung beim Parallelhybrid wurde eine digitale Rotorlage-Sensorik entwickelt (Bild 6, Pos. 6; Bild 7). Sie basiert auf Hallsensoren, die ein auf der Rotornabe montiertes weichmagnetisches Geberrad abtasten. Das Geberrad besitzt abwechselnd Zähne und Zahnlücken. Diese werden durch die drei Hallsensoren jeweils digital als Eins oder Null erkannt

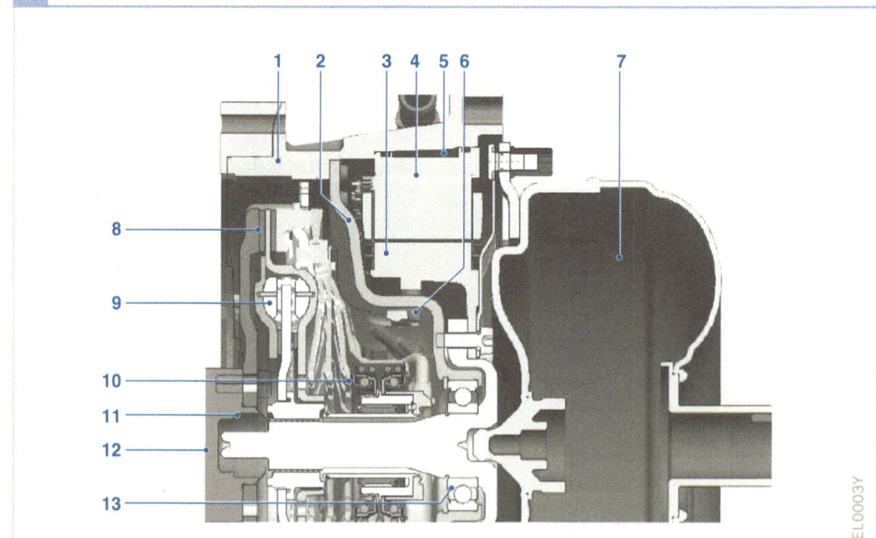

6 Aufbau des Triebstrangs mit Trennkupplung

Bild 6

1 Außengehäuse
2 Lagerschild
3 Rotor
4 Stator
5 Kühlkanal
6 Rotorlage-Sensorik
7 Hydr. Wandler
(Getriebe-Eingang)
8 Kupplungsbelag
9 Dämpfer
10 Hydr. Nehmer-
zylinder
11 Pilotlagerung
12 Kurbelwelle
13 Hauptlager

Quelle:
LuK GmbH & Co. oHG,
Bühl

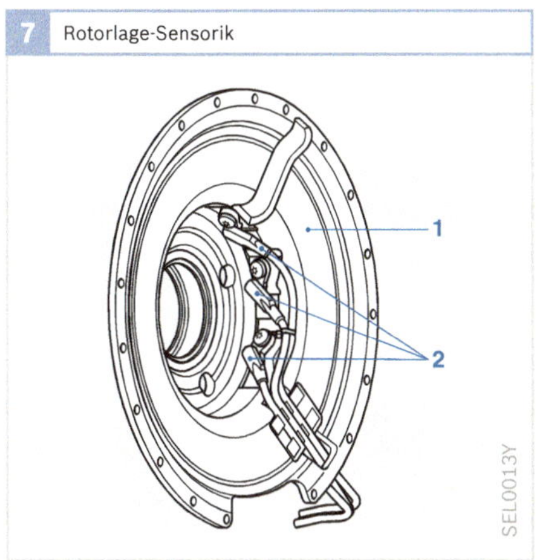

(digitaler Lagegeber). Durch die Positionierung der Hallsensoren kann mit hinreichender Genauigkeit sowohl die Position des Rotors in Bezug zum Stator als auch eine Vor- und Rückwärtsdrehung erkannt werden. Eine Drehrichtungserkennung ist notwendig, um auch nach Auspendeln des Verbrennungsmotors im Stopp-Start-Betrieb eine exakte Kenntnis der Rotorlage

zu erhalten. Die Anforderung an die Genauigkeit der Rotorlageerkennung ist so hoch, dass die Montagetoleranzen bei der Fertigung der E-Maschine nachträglich erkannt und ausgeglichen werden müssen. Dazu ist ein Einlernmodus in der Betriebssoftware des Inverters vorgesehen, der die wahre Lage der Sensoren bei einer Erst-Inbetriebnahme erfasst und softwareseitig Korrekturgrößen abspeichert.

Trennkupplung

Eine zusätzliche Trennkupplung zum Start und zur Drehmomentabkopplung des Verbrennungsmotors wird bei denjenigen Parallelhybridfahrzeugen eingesetzt, die auch rein elektrischen Fahrbetrieb ermöglichen. Der Kurbelwellenabgang ist hier drehmassenarm gestaltet (keine Schwungscheibe, kein Starterzahnkranz), um schnellstmöglichen Motor-Wiederstart zu ermöglichen. Dies hat zur Folge, dass auf die Trennkupplung wesentlich höhere maximale Drehmomente wirken als auf eine konventionelle Anfahrkupplung (ca. Faktor 2). Daher sind auch die Schließ- und

Bild 7
1 Lagerschild
2 Sensoren für die
   Rotorlage-Erkennung

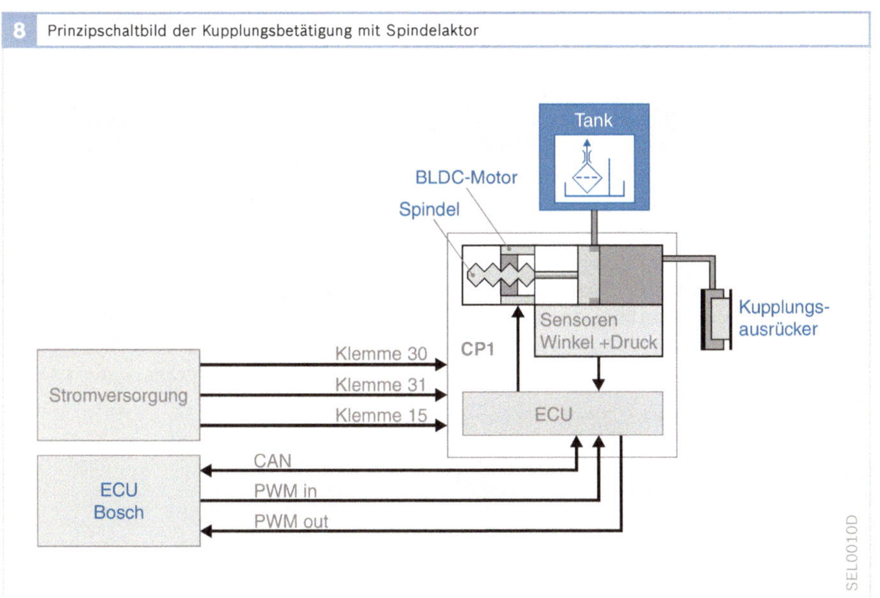

Bild 8
BLDC-Motor:
brushless DC,
bürstenloser Gleich-
strommotor

Betätigungskräfte der Trennkupplung entsprechend höher.

Aus Platzgründen und für optimale Integrationsmöglichkeiten in die IMG-Maschine wird die Kupplung durch einen kompakten hydraulischen Nehmerzylinder betätigt. Dieser lässt sich zusammen mit der Läuferlagerung gut in den zentralen Bauraum des Läufers integrieren. Um einen komfortablen Start zu ermöglichen, muss die Kupplung drehmomentsteuerbar ausgeführt sein. Dabei wird aus der Stellung des Ausrückers über eine in der Triebstrangsteuerung abgelegte und betriebsabhängig nachgeführte Charakteristik auf das übertragene Drehmoment geschlossen. Ein so geregelter Betätigungsvorgang beim Warmstart dauert etwa 150 ms.

Die Anforderungen an die Kupplung (Momenten-Steuerbarkeit, Art des Reibbelags, Spitzendrehmoment, Dämpfung, mechanische Ausführung) sind in hohem Maße abhängig von den Eigenschaften und geometrischen Gegebenheiten an der Kurbelwelle des Verbrennungsmotors, der Baugröße der E-Maschine, der zulässigen axialen Triebstrangverlängerung durch den Hybridantrieb und von der Betriebsart bzw. Triebstrang-Topologie selbst.

Zur Öldruckversorgung des Kupplungsnehmers eignet sich der lineare Kolbenaktor (Spindelaktor) sehr gut. Er wirkt auf den Kupplungsnehmer über die Verschiebung einer hydrostatischen Flüssigkeitssäule. Der Weg der Säule wird dabei am Kolben gemessen oder über den Drehwinkelsensor des mit fester Übersetzung antreibenden Elektromotors.

Steuergerät für Hybridantriebe

Leistungselektronik

Phasenlage, Frequenz und Stromamplitude für die Speisung der E-Maschine werden durch die Antriebsregelung im Inverter entsprechend den Betriebsvorgaben für den Antrieb eingeprägt. Diese übergeordneten Betriebsvorgaben werden von der Hybrid-Fahrzeugsteuerung bereitgestellt, die alle am Triebstrang beteiligten Komponenten (Verbrennungsmotor, E-Antrieb, Getriebe, Bremse und Nebenaggregate) koordiniert.

Zur Einprägung der Wechselströme in den drei Phasen dienen Leistungstransistoren, die in genau berechneten Mustern die jeweilige Phasenklemme mit der Plus- oder Minus-Seite der speisenden Gleichspannung aus der Traktionsbatterie verbinden. Ziel ist es, gleiche sinus-ähnliche Stromverläufe in jeder der drei Phasen zu erzeugen.

Das Schalten der Ströme würde ohne Pufferung durch den Zwischenkreiskondensator zu starken Strom-Spitzenbelastungen der Batterie führen sowie zu hohen, die gesamte Fahrzeugelektronik störenden Störaussendungen. Der Zwischenkreiskondensator ist aufgrund seiner Lebensdauer- und Temperaturanforderungen als Folienkondensator ausgeführt. Ein weiteres Filternetzwerk am Inverter-DC-Eingang verhindert EMV-Störaussendung in die Fahrzeugumgebung (EMV: Elektromagnetische Verträglichkeit).

Der Hochspannungskreis (Batterie-Gleichspannung und Speisespannungen der E-Maschine) ist aus Sicherheitsgründen vollständig vom Potenzial der 12 V-

Bordnetzseite entkoppelt (Teil des Berühr-
schutz-Sicherheitskonzepts eines Hybridfahrzeugs).

IGBT-Transistorschaltmodule

Als Leistungsschalter werden aufgrund
der notwendigen Höhe der Gleichspannung der Traktionsbatterie (100 V...400 V)
Insulated Gate Bipolartransistoren (IGBT-
Transistoren) mit 600V Spannungsfestigkeit eingesetzt. Es sind jeweils ein
Highside- (zum Pluspol der Gleichspannung) und ein Lowside-Schalter (zum
Minuspol der Gleichspannung) zusammen
mit den zugehörigen Freilaufdioden in
einem Leistungsmodul von 100 A Stromtragfähigkeit kombiniert. Highside- und
Lowside-Schalter sind ihrerseits aus meh-
reren Transistorchips zusammengesetzt.
Das Leistungsmodul besitzt auf der einen
Seite die Anschlüsse zu Steuerung und

Überwachung, auf der anderen Seite die
Leistungsanschlüsse zu Plus, Minus und
Phase. Für gute mechanische Festigkeit
und gute Wärmeverteilung sind die gebon-
deten Chips auf eine DBC-Verschaltplatte
und diese wiederum auf einen Kupfer-
Grundkörper gelötet (DBC: Direct Bonded
Copper; beidseitig mit Kupfer beschichte-
tes Keramiksubstrat). Das Schaltelement
wird anschließend mit einer hermetischen
Hülle versehen, einer Moldverpackung aus
duroplastischem Kunststoff, um die Le-
bensdauerstabilität zu gewährleisten. Zum
Aufbau eines dreiphasigen Inverters mit
300 A Stromtragfähigkeit werden somit
drei Phasen à 3 x 100 A, also 9 Module benötigt.

Zur Skalierung für kleinere Stromtrag-
fähigkeiten, d.h. kleinere Bauleistungen
des Inverters, können die Anzahl der eingesetzten Leistungsmodule und die Größe

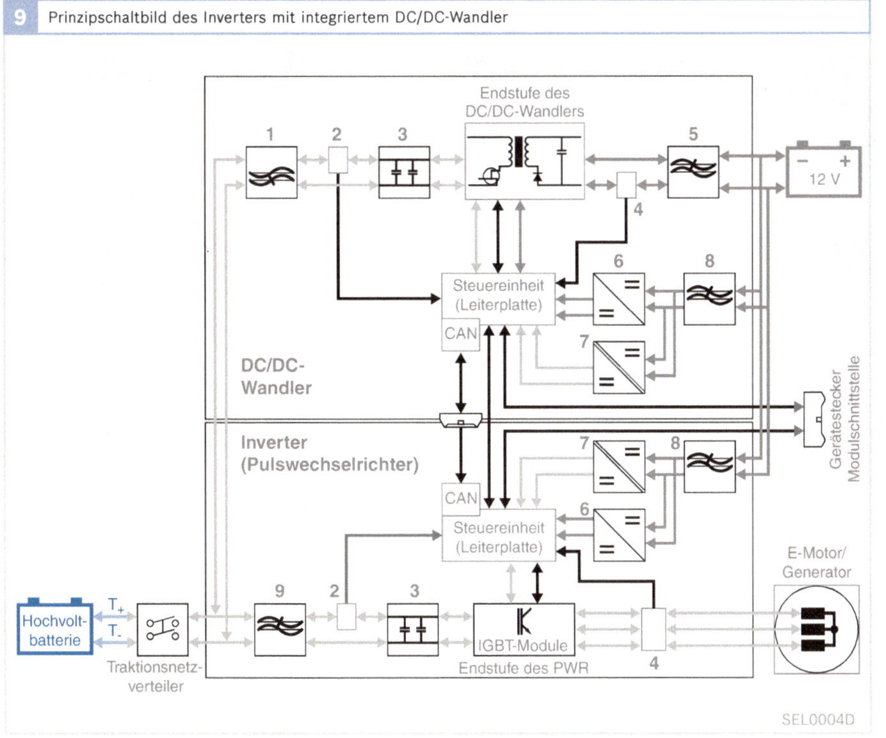

9 Prinzipschaltbild des Inverters mit integriertem DC/DC-Wandler

Bild 9
1 EMV-Filter-HVS DC/DC-Wandler
2 HV-Stromsensor
3 HV-Zwischenkreis-Kondensator
4 Stromsensor 300 A
5 EMV-Filter BNS DC/DC-Wandler
6 BNS-Vcc-Versorgung
7 HVS-Vcc-Versorgung
8 EMV-Filter
9 EMV-Filter-HVS PWR

des Zwischenkreiskondensators verringert und damit Kosten und Bauraum reduziert werden.

Mechanischer Aufbau des Inverters

Der gesamte Aufbau des Inverters ist in einem mehrteiligen Alu-Druckgussgehäuse mit Druckausgleichselement spritzwasserdicht untergebracht. Die Kühlung des Inverters erfolgt über eine Wasserkühlung (65 °C max.) des Gehäusebodens, auf dem die Leistungsmodule wärmeleitend direkt montiert sind. Die Leistungs-Anschlussklemmen sind schraub- oder steckbar in Anschlusskästen untergebracht.

Die Aufbau- und Verbindungstechnik (AVT), d. h. die Verschaltung der Anschlussklemmen mit den Leistungsmodulen sowie der Leistungsmodule untereinander, muss nach besonderen Gesetzmäßigkeiten für gute mechanische Festigkeit, geringe Eigeninduktivitäten und gute Fertigbarkeit konstruiert sein.

Die Mikrorechnersteuerung des Inverters befindet sich auf einer Leiterplatte nahe den Leistungsbausteinen. Als Steckanschlüsse für Sensoren, CAN und Steuerleitungen dienen Standard-Automotive-Stecksysteme. Je nach Anordnung der Haupt-Bauelemente Leistungsmodule, Zwischenkreiskondensator und EMV-Filter lassen sich unterschiedliche Hauptabmessungen des Inverters darstellen.

Steuerelektronik im Pulswechselrichter

Die Regelung und Überwachung des E-Antriebs, die Auswertung der Sensoren, die Kommunikation via CAN-Schnittstelle und die Steuerung der Leistungselemente leistet die Steuerelektronik im Inverter. Sie ist abgeleitet aus einer Standard-Verbren-

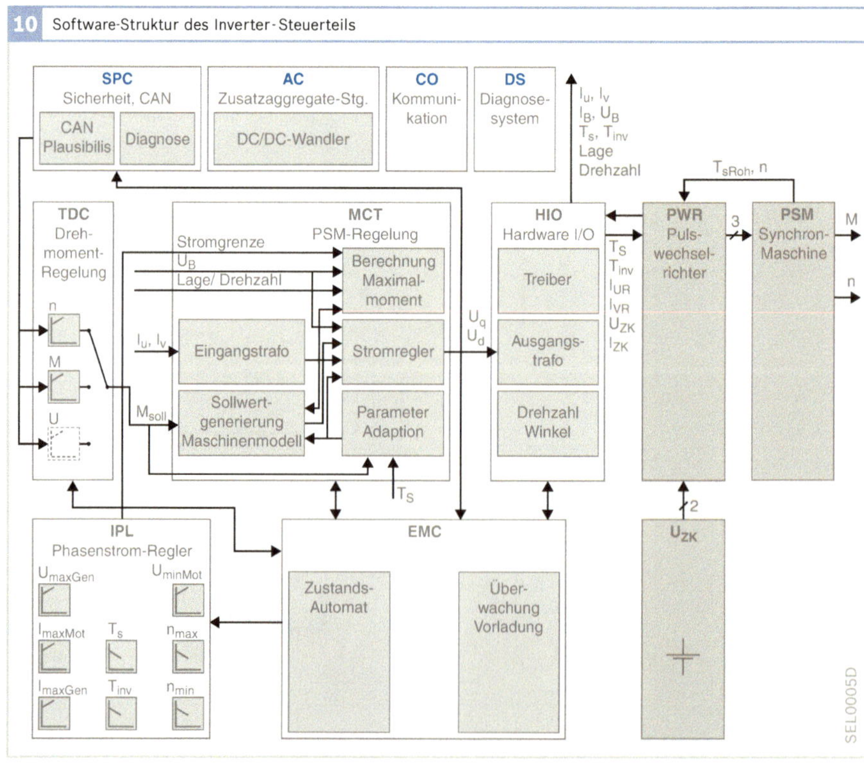

nungsmotorsteuerung. Die Ein- und Ausgangsschaltungen sind für den spezifischen Einsatz für Hybrid-E-Antriebe angepasst. Ergänzt wird die Steuerschaltung um spezialisierte, potenzialtrennende Ansteuerbausteine für die Leistungstransistoren, die *Gatetreiber*.

Für den geregelten Betrieb der Synchronmaschinen müssen verschiedene Größen durch Sensoren erfasst werden:
▶ Traktionsnetz-Gleichspannung,
▶ 12-V-Gleichspannung (Versorgungssicherheit der Steuerung),
▶ mindestens zwei der drei Phasenströme,
▶ DC-Traktionsnetz-Gleichstrom,
▶ Rotorlage der E-Maschine,
▶ Temperatur der E-Maschine.

Die wesentlichen Funktionsbausteine der Invertersteuerung zeigt Bild 9.

Steuersoftware im Inverter

Die Steuersoftware, die auf einem Mikrocomputer auf der Steuerplatine läuft, ermöglicht den Betrieb der Synchronmaschine nach der Methode der feldorientierten Regelung. Zusammen mit der Überwachung der kritischen Temperaturen in der Maschine ermöglicht diese eine größtmögliche Drehmoment- und Leistungsausnutzung der E-Maschine. Es kann sowohl ein (über den CAN-Bus von der übergeordneten Fahrzeugsteuerung angefordertes) Soll-Drehmoment als auch eine vorgebbare Drehzahl eingestellt werden. Während des Betriebs werden über den gleichen Pfad auch Zustandsgrößen und Diagnosesignale nach Bedarf an die Fahrzeugsteuerung gemeldet.

Der E-Antrieb in einem Hybridfahrzug hat unmittelbaren Einfluss auf den Triebstrang und ist deshalb (wie bei einem drive-by-wire-System im Kfz üblich) mit einem watchdog-getriggerten mehrstufigen Monitoring-System ausgerüstet. Dieses stellt sicher, dass der Mikrorechner des Steuergeräts plausibel arbeitet und keine sicherheitskritischen, gefährdenden Zustände eintreten können.

DC/DC-Wandler für die 12-V-Versorgung

Der DC/DC-Wandler versorgt das 12-V-Bordnetz des Hybridfahrzeugs. Er ist – bei hinreichend geladener Traktionsbatterie – in der Lage, das 12-V-Bordnetz kontinuierlich mit elektrischer Leistung zu versorgen. Die der Hochspannungsbatterie entnommene Leistung wird in einen hochfrequenten Wechselstrom gewandelt, über einen Hochfrequenz-Transformator potenzialgetrennt auf Niederspannung umgesetzt, anschließend gleichgerichtet und am 12-V-Ausgang als Gleichstromleistung zur Verfügung gestellt. Die Dauerleistung des DC/DC-Wandlers beträgt 3 kW. Die Prinzipschaltung ist Bild 9 zu entnehmen.

Bei der IMG-Leistungselektronik ist der DC/DC-Wandler auf das Gehäuse des Inverters integriert und nutzt dessen Kühlungseinrichtungen und Hochspannungsanschlüsse. Alternativ ist ein Design des DC/DC-Wandlers als stand-alone-Gerät möglich.

Funktionen des E-Antriebs

Im Normalbetrieb stellt der IMG-E-Antrieb das Drehmoment zur Verfügung, das von der übergeordneten Fahrzeugregelung als Soll-Drehmoment angefordert wird, soweit die Charakteristik des Antriebs und der Batterieladezustand dies zulassen.

Bei der Drehmomentcharakteristik des E-Antriebs (Bild 11) ist zu unterscheiden zwischen

- Maximalmoment-Kennlinie (kurzzeitig und bei kalter E-Maschine verfügbar),
- Dauermoment-Kennlinie (begrenzt durch die Randbedingungen der Kühlung).

Alle Drehmomente zwischen diesen Grenzkennlinien sind, abhängig vom Erwärmungszustand vor allem der E-Maschine, zeitlich eingeschränkt verfügbar. Die Leistung des Antriebs wird mit weicher Charakteristik auf thermisch zulässige Werte reduziert.

Für die Erstinbetriebnahme ist ein Sonderbetriebsmodus des Einlernens der Rotor-

lage-Sensorik vorgesehen. Montagetoleranzen in Umfangsrichtung des Rotors werden erkannt und als Korrekturgrößen für den späteren Betrieb abgespeichert. Damit ist eine größtmögliche Leistungsausbeute gewährleistet.

Im Falle eines unplausiblen Betriebszustands wird der Antrieb von der Batterie getrennt (alle plusseitigen Transistoren werden gesperrt) und die Synchronmaschine wird über das Durchschalten der minusseitigen Transistoren kurzgeschlossen. Durch die Dauermagnet-Erregung der Maschine könnten sonst unzulässig hohe Klemmenspannungen auftreten. Über den CAN-Bus wird die Fahrzeugsteuerung über den Fehlerzustand informiert und es werden dort übergeordnete Schritte wie Batterietrennung, Drehzahlbegrenzungen usw. veranlasst.

Skalierung von Drehmoment und Leistung

Generell lässt sich das Drehmoment einer elektrischen Maschine über die axiale Länge und den Durchmesser des Arbeitsluftspalts sowie über die Stärke der Statorströme und die Stärke der Permanentmagnete einstellen. Der Ständerstrombelastung sind Grenzen gesetzt über die Kühlung der E-Maschine und die Stromfähigkeit des speisenden Pulswechselrichters.

Bei den Permanentmagneten sind die Grenzen durch die Qualität der verfügbaren Magnetmaterialien gesetzt. Durchmesser und Länge der Maschine sind dagegen im Entwurfsprozess relativ frei gestaltbar, müssen jedoch der Einbausituation des zu hybridisierenden Triebstrangs Rechnung tragen.

Eine Änderung der Länge der E-Maschine ist in definierten Schritten möglich durch Hinzufügen weiterer Rotorpakete und entsprechende Verlängerung des Stator-

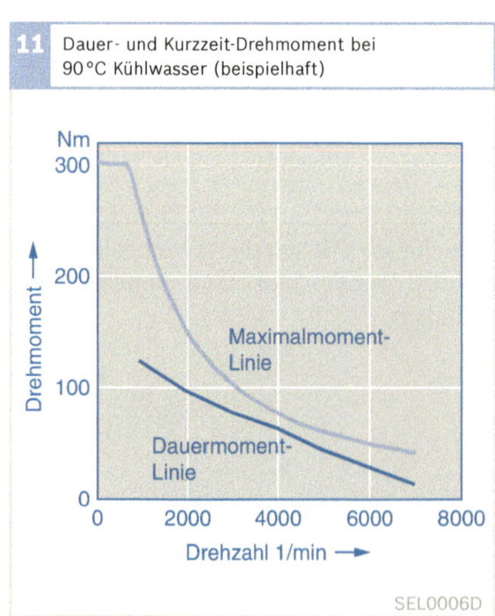

11 Dauer- und Kurzzeit-Drehmoment bei 90 °C Kühlwasser (beispielhaft)

eisens. Diese Möglichkeit der Skalierung ist der am einfachsten zu beeinflussende Parameter und wird deshalb zur kundenindividuellen Anpassung der Antriebsauslegung als erstes optimiert. Um den E-Antrieb auf die Spannung unterschiedlicher Traktionsbatterien anzupassen, werden die Windungszahlen der Statorwicklungen variiert.

Eine Optimierung der Auslegung über das Drehzahl-Übersetzungsverhältnis kommt bei IMG nicht in Betracht, da dieser Maschinentyp fest an das Drehzahlniveau des Verbrennungsmotors gebunden ist.

Kühlung des IMG-E-Antriebs

Durch die zulässigen Kühlmitteltemperaturen bis zu 110 °C kann die E-Maschine direkt über das Kühlwasser am Einlass des Verbrennungsmotors gekühlt werden. Die Leistungselektronik wird typischerweise über einen separaten Kühler entwärmt. Die maximale Kühlmitteltemperatur darf 65 °C betragen. Um ein Kühlen auch bei rein elektrischem Fahrbetrieb zu gewährleisten, ist für E-Maschine und Inverter jeweils eine zusätzliche elektrische Kühlmittelpumpe notwendig, die einen Mindestdurchsatz von 8 *l*/min sicherstellt.

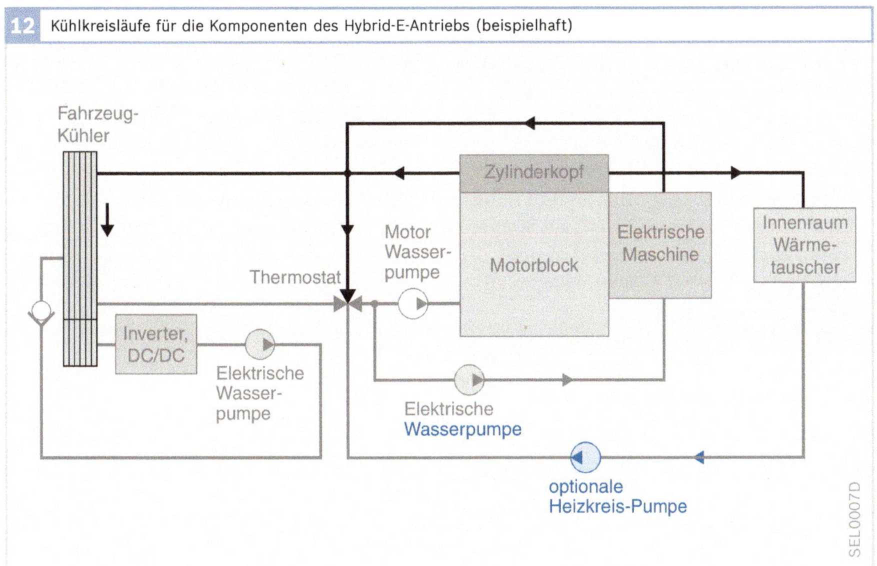

12 Kühlkreisläufe für die Komponenten des Hybrid-E-Antriebs (beispielhaft)

Bordnetze für Hybridfahrzeuge

Das Bordnetz eines Fahrzeugs mit Start/Stopp-System ist einem konventionellen Bordnetz sehr ähnlich. Bordnetze für Mild- oder Full-Hybridantriebe hingegen verfügen über eine Hochspannungsebene und unterscheiden sich damit deutlich vom Bordnetz eines konventionellen Fahrzeugs.

Das Bordnetz eines Hybridfahrzeugs hat i. W. folgende Aufgaben:
▸ Speicherung von überschüssiger elektrischer Energie aus dem Triebstrang,
▸ bei Bedarf Abgabe elektrischer Energie an den Triebstrang,
▸ sichere Versorgung der elektrischen Verbraucher.

Bordnetze für Fahrzeuge mit Start/Stopp-System

Um Kraftstoff zu sparen, wird bei Fahrzeugstillstand der betriebswarme Verbrennungsmotor abgeschaltet und beim Anfahren mit einem elektrischen Starter erneut gestartet. Diese Funktionalität bringt generell zwei Anforderungen an das Bordnetz mit sich:
▸ Sicherstellen eines schnellen Wiederstarts des Verbrennungsmotors unter allen Betriebsbedingungen,
▸ Sicherstellen eines störungsfreien und sicheren Betriebs der anderen Verbraucher während des Motorstopps und des Startvorgangs, d. h. die Versorgungsspannung ist in einem zulässigen Bereich zu halten.

Bei einem konventionellen Fahrzeug wird für den Start des Verbrennungsmotors dem Bordnetz kurzzeitig eine sehr große Leistung entnommen. Dadurch kann die Spannung im 14-V-Netz so stark einbrechen, dass das Licht flackert und das Radio kurzzeitig ausgeht. Dies ist beim Erststart tolerierbar, aber nicht bei häufigen Wiederstarts des Verbrennungsmotors während der Fahrt.

Die Startfähigkeit des Fahrzeugs kann durch die Verwendung eines Batteriesensors, der den Ladezustand und die Startfähigkeit der Batterie ermittelt, gewährleistet werden. Falls die Startfähigkeit aufgrund einer entladenen oder geschädigten Batterie nicht sichergestellt ist, wird der Verbrennungsmotor in Stopp-Phasen nicht abgestellt. Um einer Entladung der Batterie durch häufige Starts entgegenzuwirken, muss diese vom 14-V-Generator während des Betriebs des Verbrennungsmotors verstärkt geladen werden.

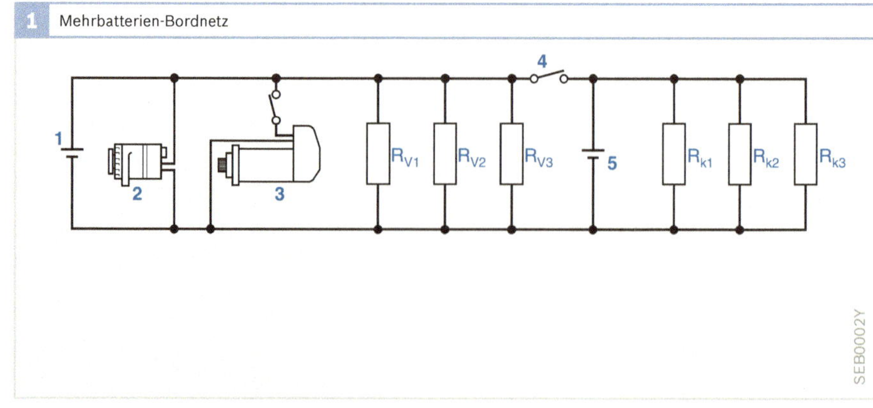

Bild 1
1 12-V-Starterbatterie
2 Generator
3 Starter
4 Trennschalter
5 Stützbatterie

R_V: Verbraucher
R_k: kritische Verbraucher

Aufgrund der erhöhten Zyklisierung (Lade- und Entladezyklen) empfiehlt sich der Einsatz einer zyklenfesteren Bleibatterie (z. B. Blei-Gel- oder AGM-Batterie).

Das Sicherstellen einer konstanten Spannungsversorgung für die Verbraucher während des Motorstarts ist aufwändig. Eine Möglichkeit hierzu ist die Verwendung einer kleinen Zusatzbatterie (z. B. einer Motorradbatterie) mit Trennschalter zur Versorgung der kritischen Verbraucher während des Starts (Bild 1).

Während des normalen Fahrbetriebs ist der Trennschalter zwischen den beiden Batterien geschlossen und beide Batterien werden vom Generator geladen. Beim Start des Verbrennungsmotors wird dieser Trennschalter kurzzeitig geöffnet, um die kritischen Verbraucher mit der Zusatzbatterie vom restlichen Bordnetz (einschließlich Starter) zu entkoppeln. Die Versorgungsspannung bricht so nur in dem Bordnetzteil ein, der den Starter enthält. Anstatt des Trennschalters kann auch eine Diode eingesetzt werden, die ein

Nachladen der Zusatzbatterie ermöglicht, aber bei einem Einbruch der Starterbatteriespannung das zweite Bordnetz entkoppelt.

Vorteil dieser Lösung mit Zusatzbatterie ist der günstige Preis, allerdings verursacht die zweite Batterie zusätzliches Gewicht und zusätzlichen Bauraumbedarf.

Falls sicherheitsrelevante Verbraucher, z. B. eine elektrohydraulische Bremse, im Hybridfahrzeug eingesetzt werden, muss deren Versorgung - wie bei einem konventionellen Fahrzeug auch - über einen redundanten Energiespeicher gesichert werden.

Energiemanagement

Unabhängig von der Topologie des Bordnetzes ist über einen Eingriff in die Erregerregelung des 14-V-Generators ein Energiemanagement bei Fahrzeugen mit Start/Stopp-System möglich (Bild 2). Dies erfordert eine Schnittstelle zur Steuerung des Verbrennungsmotors sowie einen Batteriesensor. Sobald die Motorsteuerung einen Schleppbetrieb signalisiert, wird die Gene-

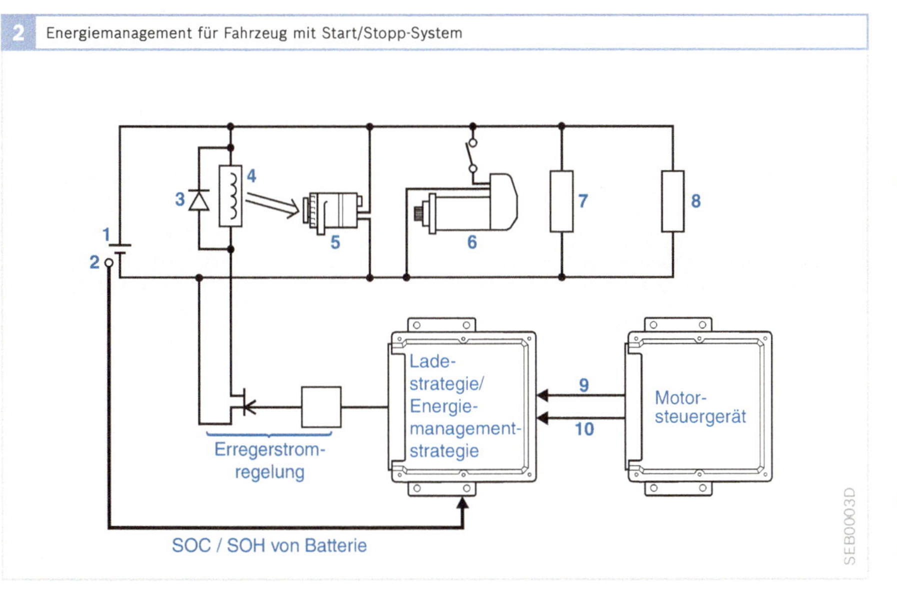

2 Energiemanagement für Fahrzeug mit Start/Stopp-System

Bild 2

1 12-V-Batterie
2 Batteriesensor
3 Freilaufdiode
4 Erregerwicklung des Generators
5 Generator
6 Starter
7 Verbraucher
8 Verbraucher
9 Schleppbit
10 Boostbit

SOC: Batterie-Ladezustand
SOH: Batterie-Alterungszustand

ratorerregung erhöht, das Fahrzeug rekuperiert verstärkt und lädt die 12-V-Batterie. Die rekuperierte Bremsenergie kann zur Versorgung von elektrischen Bordnetzverbrauchern genutzt werden oder zur Unterstützung in Beschleunigungsphasen.

Bei ausreichender Batterieladung kann während der Beschleunigung die Generatorerregung zurückgenommen werden, somit nimmt der Generator nahezu keine mechanische Leistung vom Verbrennungsmotor auf und es stehen zirka 1...3 kW zusätzliche Leistung zum Vortrieb zur Verfügung. Die Lastverringerung des Generators beim Beschleunigen des Fahrzeugs wird vom Fahrer wie ein Boost wahrgenommen.

Diese Funktionalität erfordert einen Batteriesensor, der die Wiederstartfähigkeit der Batterie überwacht und die Energieaufnahme- und Abgabefähigkeit der Batterie ermittelt.

Ein intelligentes Energiemanagement mit einer verstärkten Generatorerregung im Schleppbetrieb und reduzierter Erregung in Beschleunigungsphasen ist auch bei konventionellen Fahrzeugen ohne Start-Stopp-Anwendung möglich.

Bordnetze für Mild- und Full-Hybridfahrzeuge

Die Funktionalität eines Mild- oder Full-Hybridfahrzeugs erfordert mit 8...60 kW eine große elektrische Leistung, die auf der 14-V-Spannungsebene nicht sinnvoll bereitgestellt werden kann. Daher wird zusätzlich ein Hochvolt-Bordnetz mit einer Spannung im Bereich von 42...750 V benötigt. Zur Versorgung der 14-V-Verbraucher im Fahrzeug kann jedoch auf das 14-V-Standard-Bordnetz nicht verzichtet werden. Je nach Leistungsanforderungen der einzelnen Verbraucher werden diese aus dem entsprechenden Bordnetz versorgt. Generell wird aus Kostengründen versucht, mit Standard-14-V-Komponenten auszukommen, da diese in großer Stückzahl günstig verfügbar sind.

Hochvolt-Bordnetz

Das Hochvolt-Bordnetz (HV-Bordnetz) besteht aus einer Hochleistungsbatterie, mindestens einem Pulswechselrichter (PWR) zur Ansteuerung der E-Maschine, sonstigen Hochleistungs- oder Hochvoltverbrauchern sowie einem DC/DC-Wandler zur Versorgung des 14-V-Bordnetzes. Der Pulswechselrichter in der Leistungsklasse von 10...200 kVA erzeugt aus einer Gleichspannung ein Drehstromsystem mit variabel einstellbarer Stromgröße und Drehfeldfrequenz für die elektrische Maschine. Ein DC/DC-Wandler überträgt elektrische Energie von einem Gleichspannungsniveau auf ein anderes.

Die Versorgung der Bordnetze erfolgt über den generatorischen Betrieb des E-Antriebs. Ein Generator wie im konventionellen Bordnetz ist nicht vorhanden. Die E-Maschine arbeitet im Mittel mehr im generatorischen Betrieb als im motorischen.

Das Bordnetz eines Mild-Hybrids kommt (im Vergleich zum Full-Hybrid) mit einer geringeren Energiespeicherfähigkeit und einer geringeren Leistungsfähigkeit aus, da das Fahrzeug allenfalls sehr kurzzeitig elektrisch kriechen kann. Daher kann ein kleinerer Energiespeicher eingesetzt werden. Ansonsten sind sich die Topologien der Bordnetze für Mild- und Full-Hybride mit je nur einem elektrischen Antrieb ähnlich.

Fahrzeuge mit zwei elektrischen Maschinen, die teilweise seriell betrieben werden (z. B. leistungsverzweigende Hybride), erfordern eine andere Bordnetz-Topologie.

HV-Bordnetz für parallele oder parallel-ähnliche Hybridantriebe

Über Schütze in der Hochvoltbatterie können der Batteriezellenblock und das restliche Bordnetz voneinander getrennt werden. Im ausgeschalteten Zustand des Fahrzeugs oder bei einem Unfall wird das HV-Bordnetz spannungslos geschaltet. Die Versorgung der nötigen Steuergeräte und Schütze muss daher über das 14-V-Bordnetz erfolgen. Ist das 14-V-Bordnetz nicht intakt, so kann auch das Hochvolt-Bordnetz nicht zugeschaltet werden.

Zusätzliche Komponente des Hochvolt-Bordnetzes kann z. B. ein elektrischer Klimakompressor sein (Bild 3). Dieser benötigt je nach Fahrzeug maximal 3...6 kW elektrische Leistung. Die Leistungsregelung des Kompressors erfolgt über die Kompressordrehzahl. Die Maximalleistung wird zum Cool-Down, d. h. zum Herunterkühlen eines durch die Sonne stark erhitzten Fahrzeugs, kurzzeitig benötigt. Im stationären Betrieb ist meist eine deutlich geringere Kühlleistung ausreichend. Vorteile des elektrischen Klimakompressors gegenüber einem konventionellen riemengetriebenen Kompressor sind die bedarfsgerechtere Regelung, das Vermeiden von Leerlaufverlusten sowie die Möglichkeit, auch im Stopp-Betrieb oder bei elektrischem Fahren zu kühlen. Aufgrund der begrenzten Energiespeicherkapazität der Batterie ist dies jedoch jeweils nur wenige Minuten möglich. Nachteile sind die höheren Kosten des elektrischen Aggregats, der schlechtere Wirkungsgrad bei Volllast und die zusätzliche Zyklisierung der Batterie.

Falls das Fahrzeug elektrisch fahren oder kriechen kann, müssen alle unterstützenden Funktionen, wie z. B. die Servolenkung, elektrisch betrieben werden, damit sie auch bei stehendem Verbrennungsmotor verfügbar sind.

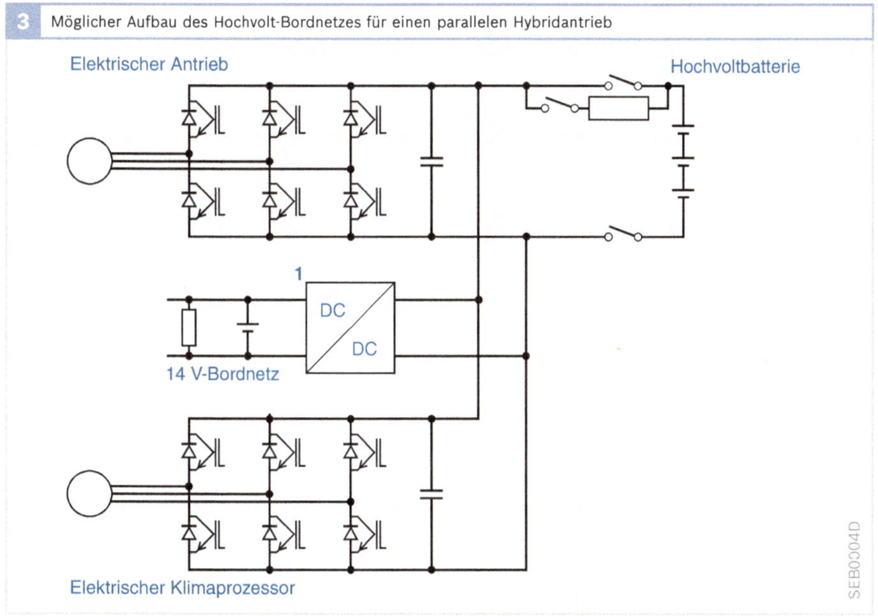

3 Möglicher Aufbau des Hochvolt-Bordnetzes für einen parallelen Hybridantrieb

Bild 3
1 potenzialgetrennter DC/DC-Wandler

HV-Bordnetz für leistungsverzweigende oder teilweise serielle Hybridantriebe

Bei leistungsverzweigenden Hybridfahrzeugen oder bei Parallelhybrid-Fahrzeugen mit einer zweiten elektrischen Maschine zum Antrieb einer zusätzlichen Achse tritt serieller oder teilweise serieller Betrieb auf. Dies bedeutet, dass der eine E-Antrieb überwiegend generatorisch und der andere überwiegend motorisch betrieben wird. Aufgrund der hierbei auftretenden Übertragung großer Energie über die beiden Maschinen und Pulswechselrichter sollten diese Komponenten in ihrem optimalen Arbeitsbereich betrieben werden.

Die Batteriespannung ist bei definierter Leistung der Batterie festgelegt. Um die Zwischenkreisspannung von der Batteriespannung zu entkoppeln und eine größere Motorenleistung bei gegebener Batteriespannung zu ermöglichen, bietet sich der Einsatz eines Hochleistungs-DC/DC-Wandlers zwischen Batterie und Zwischenkreis an (Bild 4, Pos. 1). Damit kann die Zwischenkreisspannung bedarfsgerecht zwischen der Höhe der Batteriespannung und einem deutlich höheren Spannungswert (2…2,5-fache Batteriespannung) eingestellt werden. Die maximale Spannung wird über die benötigte maximale Leistung und die Auslegung der elektrischen

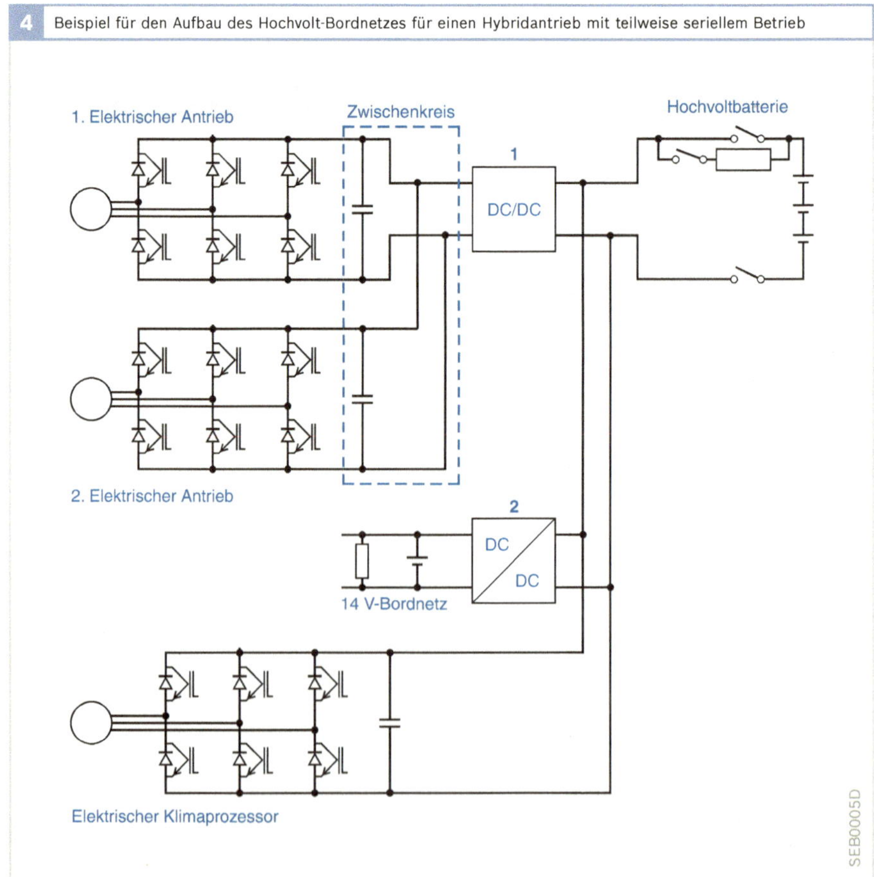

4   Beispiel für den Aufbau des Hochvolt-Bordnetzes für einen Hybridantrieb mit teilweise seriellem Betrieb

Bild 4
1 Hochleistungs-DC/DC-Wandler
2 potenzialgetrennter DC/DC-Wandler

Maschinen festgelegt. Die aktuell einge-
stellte Zwischenkreisspannung kann so
gewählt werden, dass sie knapp über dem
Maximalwert der gleichgerichteten indu-
zierten Spannungen der elektrischen Maschinen liegt. Auf diese Art können die
Schalthäufigkeit der Wechselrichterschal-
ter und somit die elektrischen Wechsel-
richterverluste minimiert werden.

Niedervolt-Bordnetz

Das Niedervolt-Bordnetz ist für alle Hybridfahrzeuge, die sowohl Hoch- als auch
Niedervolt-Bordnetz aufweisen, ähnlich
aufgebaut. Es ist dem 14-V-Bordnetz eines
konventionell angetriebenen Fahrzeugs

sehr ähnlich mit dem Unterschied, dass
meist kein Starter vorhanden ist und die
Versorgung statt durch einen Generator
über einen DC/DC-Wandler aus dem Hochvolt-Bordnetz erfolgt (Bild 5).

Aufbau des Batteriesystems

Das Batteriesystem von Mild- und Full-
hybrid-Fahrzeugen besteht aus dem Batteriezellenblock, dem Batteriemanagementsystem, der Kühlung, einer Gasableitung
und der Schütz- und Sicherungseinheit
(Bild 6).

Das Batteriegehäuse dient nicht nur dem
Zusammenhalt und Schutz der Zellen ge-

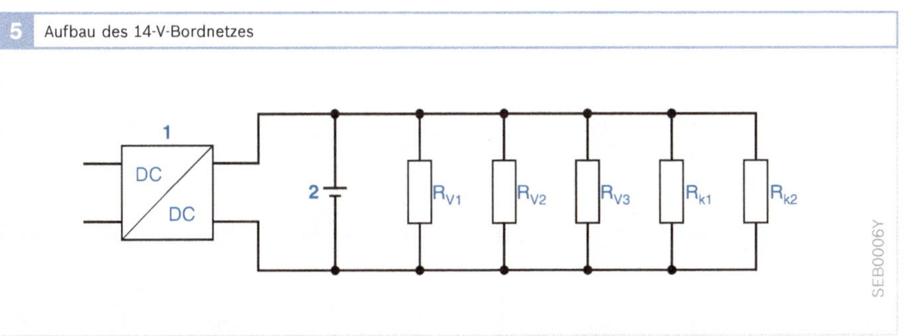

5 Aufbau des 14-V-Bordnetzes

Bild 5
1 potenzialgetrennter DC/DC-Wandler
2 12-V-Batterie
R_V, R_k: 14-V-Verbraucher

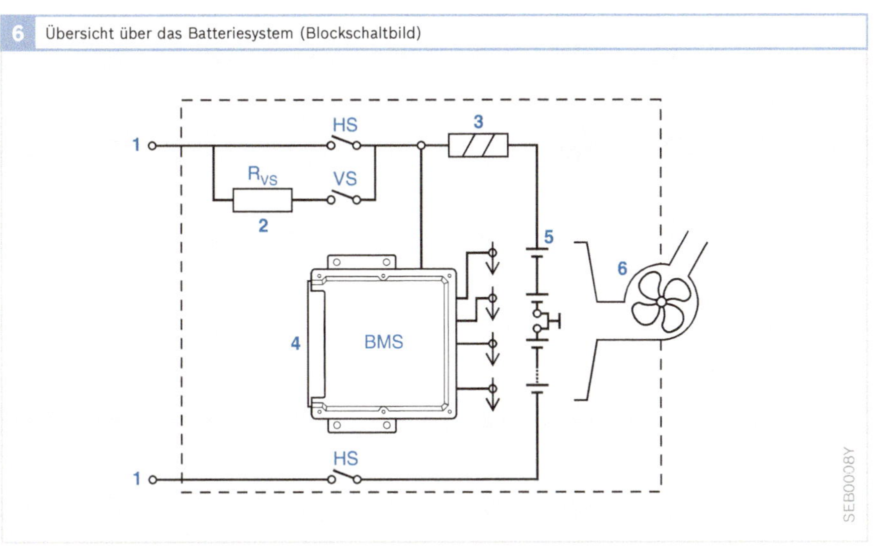

6 Übersicht über das Batteriesystem (Blockschaltbild)

Bild 6
1 Batterieklemmen
2 Vorladewiderstand
3 Sicherung
4 Batterie-
  managementsystem
5 Zellenblock
6 Kühlgebläse

HS: Hauptschütz
VS: Vorladeschütz

gen mechanische Belastungen, sondern auch dem Berührschutz gegen die Spannungen von 60…500 V, die für Traktionsanwendungen erforderlich sind. An den Zellklemmen liegt die Batteriespannung immer an, es ist keine Freischaltung möglich.

Um die Sicherheit bei der Montage im Werk oder beim Kfz-Service zu gewährleisten, wird der Zellenblock durch einen Sicherheitsstecker in zwei getrennte Blöcke geteilt. Dieser Stecker ist so ausgeführt, dass er vor jedem Öffnen des Batteriegehäuses entfernt werden muss. Bei entferntem Stecker liegt zwischen den beiden Batterieklemmen keine Spannung an. Außerdem wird die Maximalspannung des Zellenblocks bei entferntem Stecker durch die Aufteilung in zwei Blöcke reduziert (Bild 7).

Bei Zellsystemen, die im Fahrzeuginnenraum eingebaut sind und bei denen im Fehlerfall (zum Beispiel bei starker Überlastung oder Überhitzung) giftige, entzündliche oder ätzende Substanzen austreten können, muss durch eine Gas- oder Dampfableitung sichergestellt werden, dass die schädlichen Substanzen nicht in den Innenraum austreten können, sondern z. B. in einen Karosserieholm abgeleitet werden. Hierzu wird jede Zelle oder jedes Modul mit einem Überdruckventil versehen und der Auslass aus der Fahrzeugkabine geleitet.

Um das Bordnetz außerhalb des Batteriegehäuses spannungsfrei schalten zu können (z. B. um bei einem Unfall zu verhindern, dass an beschädigten Leitungen usw. eine gefährliche Spannung offen anliegt), wird durch eine Schützschaltung das Bordnetz vom Zellenblock getrennt. Die Schütze werden über eine Steuerlogik angesteuert, die im Batteriemanagementsystem (BMS) oder in einem anderen Fahrzeugsteuergerät integriert sein kann. Diese Steuerlogik öffnet die Schütze, wenn ein Crash-Sensor einen Unfall detektiert oder eine Isolationsüberwachung potenziell gefährliche Zustände erkennt. Diese Logik kann die Schütze auch öffnen, wenn das Batteriesystem überlastet ist (Bild 8).

Im ausgeschalteten Zustand des Fahrzeugs ist die Batterie ebenfalls vom Bordnetz getrennt, um zu vermeiden, dass Bordnetzruheströme die Batterie entladen. Eine Zuschaltung des Bordnetzes mit den

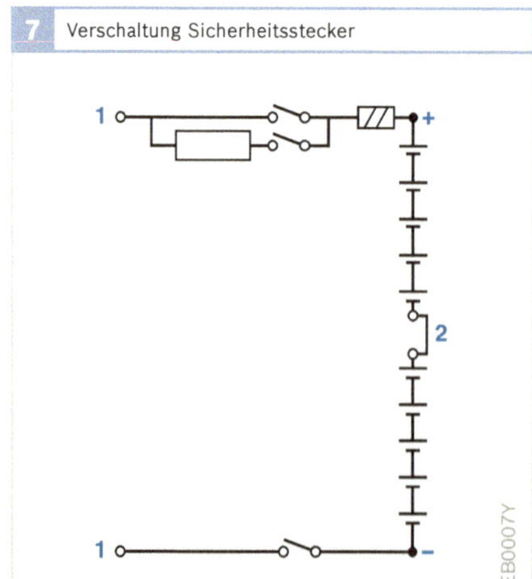

7 Verschaltung Sicherheitsstecker

Bild 7
1 Batterieklemmen
2 Sicherheitsstecker

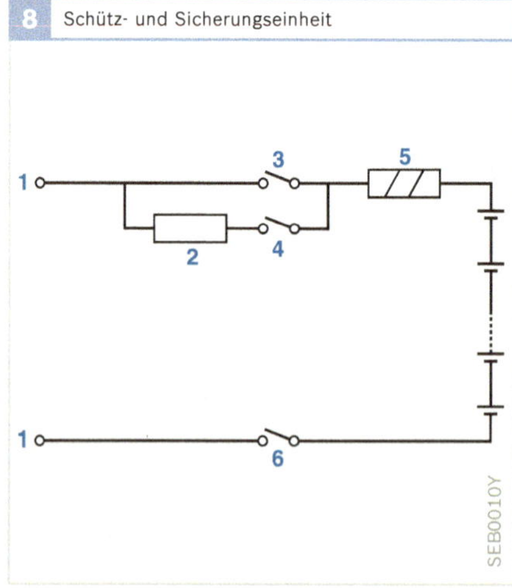

8 Schütz- und Sicherungseinheit

Bild 8
1 Batterieklemmen
2 Vorladewiderstand
3 positives Hauptschütz
4 Vorladeschütz
5 Sicherung
6 negatives Hauptschütz

Bordnetzkapazitäten beim Start des Fahrzeugs erfolgt über einen Ladeschütz und einen Vorladewiderstand. Hierbei wird die entladene Bordnetzkapazität über einen Vorladewiderstand aufgeladen, um einen zu großen Anfangsladestrom bei leerer Kapazität zu verhindern. Hat die Bordnetzkapazität eine bestimmte Spannung erreicht, so wird der Vorladewiderstand durch das positive Hauptschütz überbrückt. Im normalen Betrieb ist die Batterie über die Hauptschütze mit dem Bordnetz niederohmig verbunden (Bild 9).

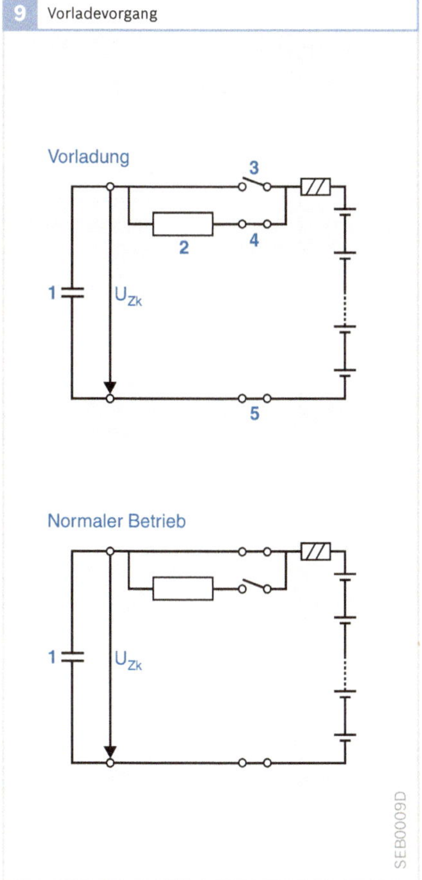

Batteriemanagementsystem

Für einen sicheren und zuverlässigen Betrieb der Batterie sind die Bestimmung mehrerer Kenngrößen und die Überwachung verschiedener Grenzen des Batteriesystems sowie die Sicherstellung der Kühlung notwendig. Dies sind Aufgaben des Batteriemanagementsystems (BMS).

Aufgaben des BMS

Das BMS misst den Batteriestrom und die Spannung einzelner Zellen, einzelner Module oder der gesamten Batterie sowie deren Temperatur und ermittelt daraus den Ladezustand der Batteriezellen (SOC, State of Charge), den Schädigungszustand der Batteriezellen (SOH, State of Health) und die zulässige Batterieleistung. Bei Überlastung, bei Verlassen des SOC-Fensters oder bei Übertemperatur schützt es die Batteriezellen durch Abschalten des Systems oder Ausgabe einer Abschaltanweisung.

Das Batteriemanagementsystem kann den Ladestrom oder Ladezustand nicht direkt beeinflussen; es übermittelt über eine Busschnittstelle (CAN) lediglich den Batteriezustand an den Steuergeräteverbund und empfängt von diesem Ansteuerbefehle. Hierbei gibt es Lade- und Entladestrom- oder Leistungsgrenzen vor. Es ist Aufgabe der Lade- oder Betriebsstrategie, den SOC in einem vorgegebenen Fenster zu halten und die angegebenen Leistungsgrenzen des BMS nicht zu überschreiten (Ladezustandsregelung). Es gibt Systemkonfigurationen, bei denen das BMS bei gefährlichen Zuständen die Batteriezellen über Schütze vom restlichen Bordnetz trennen kann. Bei anderen Konfigurationen gibt das BMS nur Leistungsgrenzen aus, während ein anderes Steuergerät über die Abschaltung entscheiden muss.

Das BMS stellt darüber hinaus die Kühlung der Zellen und den Zellausgleich (SOC-Abgleich) sicher. Bei speziellen Batteriezelltypen können noch zusätzliche Aufgaben anfallen.

Kühlung

Um einen sicheren Betrieb der Batterie auch unter stark schwankender Belastung sicherzustellen, sollte diese eine Temperatur von 45…60 °C (je nach System) nicht überschreiten. Die Lebensdauer einer Batterie sinkt stark mit steigender mittlerer Batterietemperatur, da viele Alterungsprozesse temperaturabhängig sind. Daher sollte die Batterie im Mittel unter ca. 40 °C betrieben werden.

Die Kühlung der Batterie kann auf verschiedene Arten erfolgen. Eine Möglichkeit ist die Kühlung über die Klimaanlage. Hierbei wird ein Verdampfer der Klimaanlage in die Batterie integriert und die Kühlleistung wird über ein Ventil, das vom BMS angesteuert wird, eingestellt. Dies erfordert eine Zuleitung der Klimaanlage zur Batterie und einen häufigeren Betrieb der Klimaanlage (zur Batteriekühlung).

Eine andere gängige Methode ist die Kühlung der Batterie mit Innenraumluft (Bild 10). Dies bietet sich an, da sich Batteriesysteme bei ähnlichen Temperaturen „wohlfühlen" wie Menschen. Die Kabinenluft wird durch einen BMS-gesteuerten Lüfter angesaugt und durch die Batterie geblasen. Die Temperatur der angesaugten Luft wird gemessen; liegt sie höher als die Batterietemperatur, so wird die Lüftung der Batterie eingestellt.

Als weitere Möglichkeit zur Batteriekühlung kommt auch eine Flüssigkeitskühlung infrage.

Bestimmte Batteriezellsysteme haben bei tiefen Temperaturen eine eingeschränkte Leistungsfähigkeit. Dies kann zusätzliche Maßnahmen zur Aufwärmung der Zellen erforderlich machen.

SOC-Abgleich

Aufgrund von Nebenreaktionen, die von den Zellparametern und der Zelltemperatur abhängen, haben die einzelnen Zellen mit der Zeit einen unterschiedlichen Ladezustand. Dies ist problematisch, da die Zelle mit dem niedrigsten Ladezustand die Entladegrenze vorgibt und die Zelle mit dem höchsten Ladezustand die Ladegrenze. Im ungünstigsten Fall ist eine Zelle noch fast vollständig geladen, während eine andere Zelle fast vollständig entladen ist. In diesem Fall kann die Batterie praktisch weder geladen noch entladen werden, ohne eine Zelle unzulässig zu betreiben. Aus diesem Grund müssen die Zellen einer Batterie von Zeit zu Zeit equilibriert (ausgeglichen) werden.

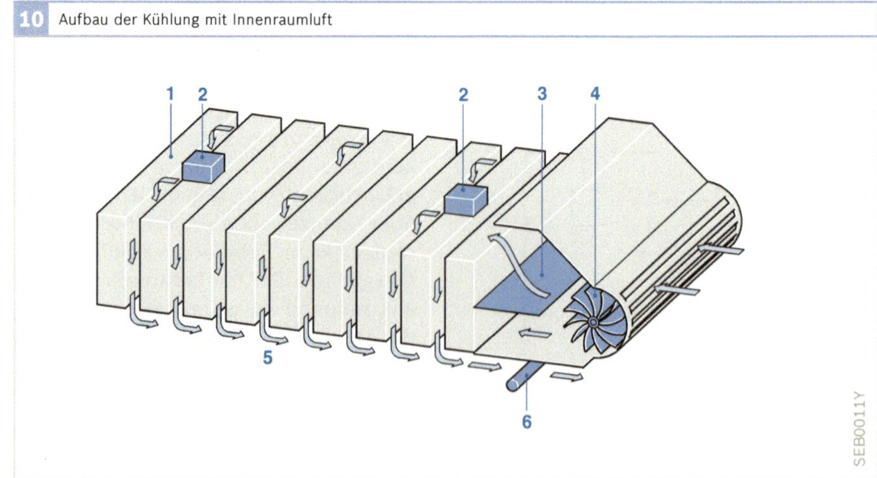

Bild 10
1 Zellen
2 Zelltemperatursensor
3 Ansauglufttemperatursensor
4 Lüfter
5 Luftfluss
6 Ablufttemperatursensor

Langsames Überladen

Nickel-Metallhydrid-Batterien (NiMH) sind Systeme mit ausgeprägten Nebenreaktionen, d.h. bei Überladung werden die überschüssigen Ladungen durch Nebenreaktionen abgebaut. Daher kann der Zellausgleich durch ein Überladen mit einem sehr geringen Überladestrom durchgeführt werden. Bei zu großem Überladestrom besteht allerdings die Gefahr, dass die Batterie ausgast oder überhitzt.

Entladen im Ruhezustand

Bei Lithium-Ionen-Batterien sind die Nebenreaktionen nicht ausgeprägt, sodass sich die Methode des langsamen Überladens verbietet. Zum Ausgleich des Ladezustands wird bei diesen Zellsystemen die Ruhespannung der einzelnen Zellen gemessen. Über einen parallelen Transistor und Widerstand werden die Zellen mit höherer Spannung (d.h. mit höherem Ladezustand) langsam entladen, bis die Spannungsdifferenz zwischen den Zellen einen festgelegten Wert unterschreitet (Bild 11).

Ladestrategie

Generell gilt, dass die Batterie durch Zyklisierung (zyklisches Laden und Entladen) geschädigt wird. Diese Schädigung ist umso größer, je größer die Zyklenhübe sind. Die Zyklisierung ist jedoch erforderlich, um den Wirkungsgrad des Triebstrangs z.B. durch elektrisches Fahren und anschließende Rekuperation zu erhöhen. Die Auslegung der Ladestrategie und die gewählte Größe der Batterie stellen somit einen Kompromiss dar zwischen Batterielebensdauer, Batteriekosten und Gewicht einerseits und einem guten Wirkungsgrad des Triebstrangs andererseits.

Normalerweise wird versucht, die Batterie in einem SOC-Fenster von ca. 50...70 % zu halten. Wird dieses Fenster nach oben überschritten, so findet keine Betriebspunktverschiebung des Verbrennungsmotors oder keine Rekuperation mehr statt; die Bremsenergie wird ggf. in der Verschleißbremse umgesetzt.

Bei Erreichen der unteren SOC-Grenze von ca. 50 % muss dafür gesorgt werden,

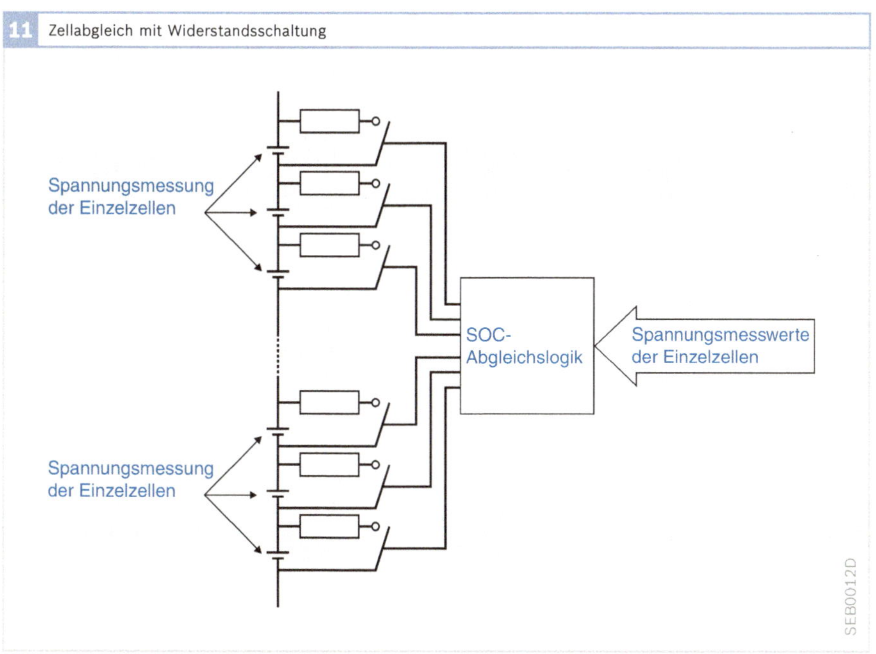

11 Zellabgleich mit Widerstandsschaltung

dass eine angemessene Batterieentlade-
leistung ermöglicht wird, da diese über
den Boost und somit die Beschleunigungs-
fähigkeit des Fahrzeugs entscheidet. Daher wird bei Erreichen der unteren SOC-
Grenze verstärkt die Batterie nachgeladen.
Die Entladeleistung wird erst bei Erreichen
einer viel tieferen SOC-Grenze langsam bis
auf Null reduziert. Im normalen Fahrbetrieb erreicht das Fahrzeug diese untere
Entladegrenze praktisch nie und der Fahrer findet immer ein annähernd identi-
sches Beschleunigungsverhalten vor. Lediglich nach einer länger dauernden Voll-
lastfahrt mit Boost könnte es zu einer
spürbaren Verringerung der Beschleuni-
gungsfähigkeit kommen.

Die untere SOC-Grenze spielt auch für
die sichere Erhaltung der Startfähigkeit
und das Vermeiden einer lebensdauer-
schädlichen Tiefentladung eine wichtige
Rolle. Die Sicherstellung der Startfähigkeit
des Fahrzeugs erfordert je nach Zellsystem
und Auslegung einen SOC von mindestens
ca. 20 %. Die Funktionalität der Ladestrategie (Bild 12) wird meist im Motorsteuergerät oder in einem speziellen Hybrid-
steuergerät umgesetzt.

Elektrische Energiespeicher

Für Hybridfahrzeuge werden heute serien-
mäßig Nickel-Metallhydrid-Batterien
(NiMH) eingesetzt. Nickel-Cadmium-Batte-
rien werden aufgrund der Umweltschäd-
lichkeit und Giftigkeit des Werkstoffes
Cadmium für moderne Hybridfahrzeuge
nicht in Betracht gezogen.

Lithium-Batterie-Systeme werden für
den Einsatz in Hybridfahrzeugen entwickelt.

Nickel-Metallhydrid-Systeme (NiMH)
Für Hybridfahrzeuge sind Nickel-Metallhydrid-Batterien vor allem deshalb inte-
ressant, weil mit den verwendeten Materialien Konstruktionen mit hoher Leistungsdichte realisiert werden können. Der
alkalische Elektrolyt (wässrige Kalilauge,
KOH) nimmt an den Elektrodenreaktionen
nicht teil (im Unterschied zu Blei/Säure-
Systemen). Zudem hat ein Betrieb im teil-
geladenen Zustand keine negativen Auswirkungen auf die Lebensdauer. In weiten
Ladezustandsbereichen sind hohe Wirkungsgrade bei hohen Lade-/Entladeströ-
men erreichbar.

Nachteile des NiMH-Systems sind die
hohe Selbstentladung und der starke Leis-
tungsabfall bei tiefen Temperaturen. Un-
günstig ist auch die relativ geringe Ruhespannung der NiMH-Zellen.

Als aktives Elektrodenmaterial wird
Nickeloxidhydroxid verwendet sowie ein
Wasserstoff speicherndes Material (Misch-
metall). Mischmetall ist eine Legierung mit
hohem Lanthan-, Cer- und Neodym-
Gehalt.

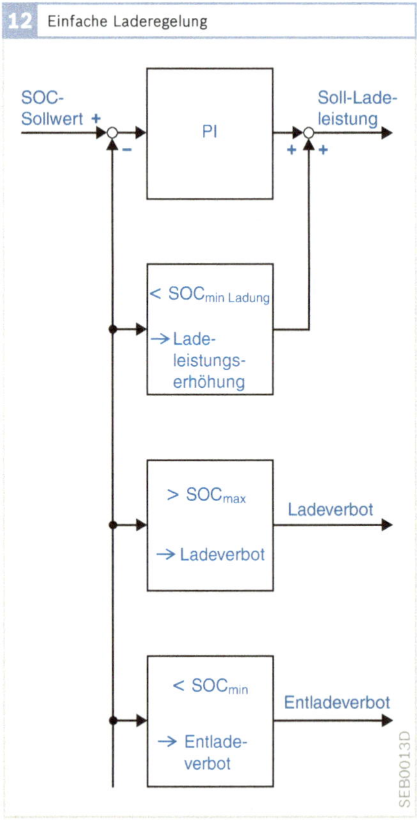

Die Zelle wird bei leichtem Wasserstoffüberdruck betrieben und besitzt ein Überdruckventil oder eine Berstscheibe, um in kritischen Betriebszuständen Wasserstoff abblasen zu können. Im Betrieb muss darauf geachtet werden, dass keine zu hohen Überladungen stattfinden und dass Belüftungsmöglichkeiten gegeben sind.

Lithium-Ionen-Systeme (Li-Ionen)

Lithium-Systeme erlauben gegenüber NiMH-Systemen nochmals höhere Energie- und Leistungsdichten bei Zellspannungen von ca. 3,6 V. Daher haben sich solche Systeme vor allem im Bereich tragbarer elektrischer Systeme (Mobiltelefon, Laptop) durchgesetzt und dort NiMH-Batterien weitgehend verdrängt.

Zurzeit werden Anstrengungen zur Weiterentwicklung solcher Zellen zur Anwendung in Hybridfahrzeugen unternommen. Besonderes Augenmerk wird auf preiswerte und sichere Elektrodenmaterialien gelegt (z. B. $LiMn_2O_4$, $LiFePO_4$).

Durch den Einsatz des leichten Li-Metalls und die Eigenschaften der anderen beteiligten Materialien (Graphit als Anodenmaterial) lassen sich äußerst dünne Elektroden herstellen (< 0,5 mm), die Konstruktionen mit sehr hohen Leistungen erlauben (z. B. 3 kW/kg bei SOC 60 %, 25 °C und 10 s Pulsdauer). Wegen des hohen Energieinhalts der Elektrodenmaterialien und der hohen Zellspannung sind besondere Maßnahmen erforderlich:

► Einsatz organischer Elektrolyte mit speziellen Leitsalzen,
► Sicherheitskonstruktionen, die z. B. bei Beschädigung eine Explosion der Zelle verhindern,
► Überwachung der Einzelzellen zur Vermeidung von Überladung und Überhitzung.

Die positive Elektrode besteht aus speziellen Metalloxiden (Ni, Mn, Co oder Mischungen aus diesen), die Li-Ionen einlagern können. Diese Ionen können in einem reversiblen Mechanismus beim Entlade-/

Ladevorgang zur Gegenelektrode und zurück wandern. Die Gegenelektrode besteht aus Graphit und kann durch ihre Schichtenstruktur ebenfalls Li-Ionen aufnehmen.

Lithium-Polymer-Batterien

Eine spezielle Ausführung der Li-Ionen-Batterie ist die Li-Polymer-Batterie. Sie enthält den Elektrolyt in nichtflüssiger Form. Diese Ausführung eignet sich besonders, um biegsame, flexible Zellen herzustellen. Zur Zeit wird untersucht, ob Li-Polymer-Batterien in Hybridfahrzeugen eingesetzt werden können.

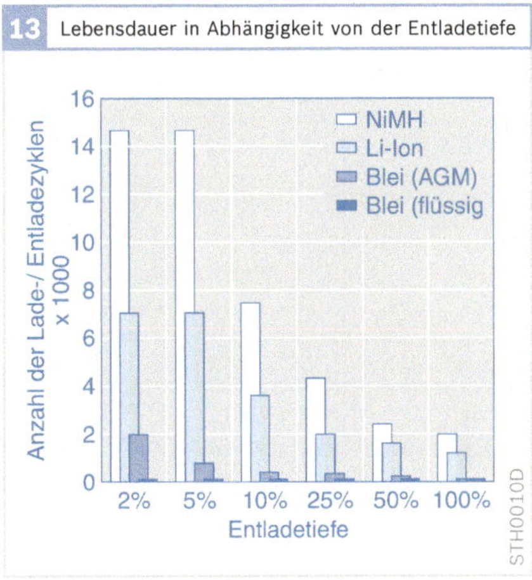

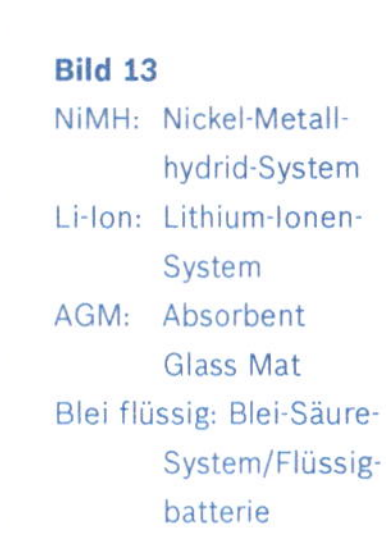

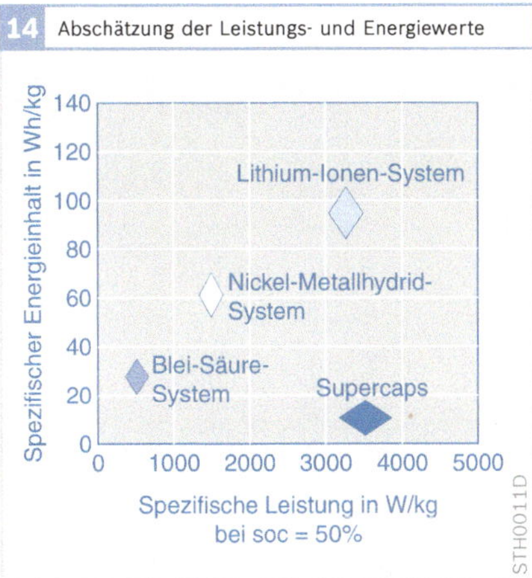

Bild 13
NiMH: Nickel-Metallhydrid-System
Li-Ion: Lithium-Ionen-System
AGM: Absorbent Glass Mat
Blei flüssig: Blei-Säure-System/Flüssigbatterie

Bild 14
Der Vergleich gibt nur eine Abschätzung der prinzipiellen Möglichkeiten der verschiedenen Systeme an. Jedes elektrochemische System kann, innerhalb gewisser Grenzen, entweder in Richtung Energie oder in Richtung Leistung optimiert werden.

1 Hybrid-Motronic
2 CAN
3 Diagnoselampe
4 Diagnoseschnittstelle
5 Wegfahrsperre
6 Servopumpe
7 Ventilator
8 Fahrpedalmodul
9 Kupplungsaktuator
10 Steuergerät Getriebe
11 Steuergerät ESP
12 Verbrennungsmotor
13 Temperatursensor
14 Lagesensor
15 E-Maschine
16 Automatikgetriebe
17 Kühlmittelpumpe
18 E-Antriebssteuerung
19 Wegfahrsperre
20 Pulswechselrichter
21 DC/DC-Wandler
22 Hochspannungsverbraucher
23 Aktuatormodul
24 Elektrische Ölpumpe
25 Hydraulikölbehälter
26 EBS
27 Batterie 12 V
28 Traktionsbatterie
29 Batteriesteuergerät
30 Innenraumheizung
31 Bremse (optional)
32 Drucksensor
33 Hydraulik
34 Unterdruckpumpe
35 Bremskraftverstärker

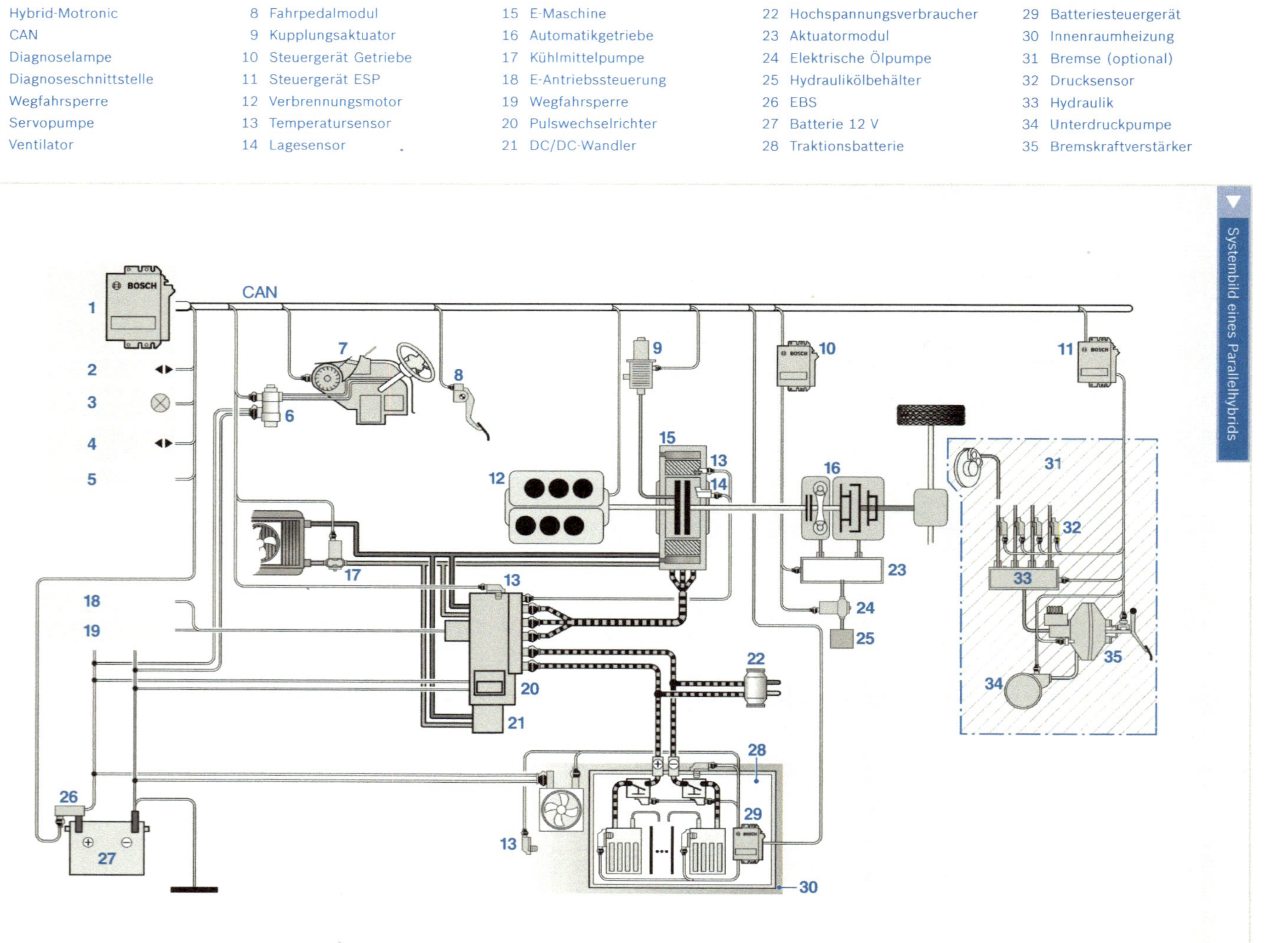

Brennstoffzellen für den Kfz-Antrieb

Wasserstoff als Energieträger kann auf zwei Arten für den Fahrzeugantrieb genutzt werden. Eine Möglichkeit ist die direkte Nutzung in einem Verbrennungsmotor, der das Fahrzeug antreibt. Alternativ kann mit dem Wasserstoff in einer Brennstoffzelle elektrischer Strom erzeugt werden, der zum Antrieb eines Elektromotors eingesetzt wird.

Brennstoffzellen sind elektrochemische Wandler, die die im Wasserstoff enthaltene chemische Energie direkt in elektrische Energie umwandeln. Dadurch verfügen sie über einen höheren Wirkungsgrad als andere stromerzeugende Prozesse.

Wasserstoff als Energieträger reagiert in einer kalten Verbrennung mit dem Sauerstoff der Luft und produziert dabei Strom. Brennstoffzellen funktionieren ohne bewegliche Teile, ohne mechanische Reibung und arbeiten effizient, geräuscharm und ohne Emission von Schadstoffen.

Funktionsprinzip

Eine Brennstoffzelle besteht aus zwei Elektroden (Anode und Kathode), die durch einen Elektrolyt voneinander getrennt sind (Bild 1). Der Elektrolyt ist nur für Ionen durchlässig. Die Elektroden sind über einen äußeren Stromkreis miteinander verbunden. An der Anode wird der Brennstoff oxidiert, an der Kathode wird Sauerstoff reduziert. Als Brennstoff eingesetzt werden Wasserstoff, wasserstoffhaltige Gasmischungen, Alkohole oder Kohlenwasserstoffe. Die Wahl des Brennstoffs richtet sich nach dem Brennstoffzellentyp. Die einzelnen Brennstoffzellentypen werden im Wesentlichen durch den eingesetzten Elektrolyt bestimmt.

Für mobile Anwendungen werden meist Polymer-Elektrolyt-Membran-Brennstoffzellen verwendet (PEM-BZ, engl. Polymer Electrolyte Membran Fuel Cell, PEM-FC).

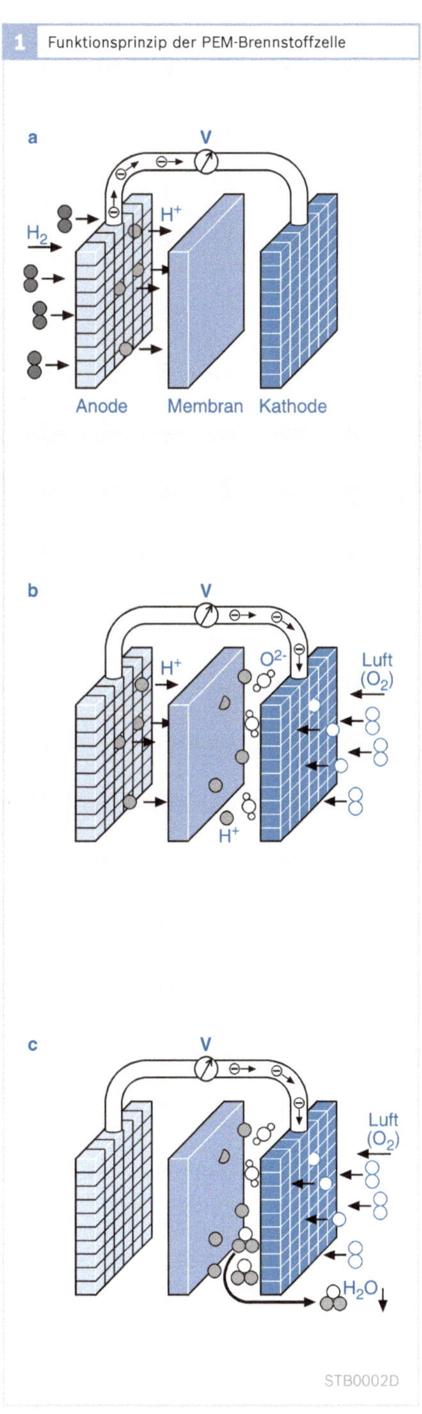

Das Funktionsprinzip der Brennstoffzelle wird im Folgenden anhand dieses Typs beschrieben.

Funktionsweise der PEM-BZ
Chemische Reaktionen
Bei der PEM-Brennstoffzelle wird an der Anode Wasserstoff zugeführt, der dort oxidiert wird. Es entstehen H^+-Ionen und Elektronen (Bild 1a).

$$\text{Anode:} \quad 2\,H_2 \;\rightarrow\; 4\,H^+ + 4\,e^-$$

Bei der PEM-BZ ist der Elektrolyt als protonenleitende Polymermembran ausgebildet. Diese ist durchlässig für Protonen, aber nicht für Elektronen. Die H^+-Ionen (Protonen), die an der Anode gebildet werden, passieren die Membran und gelangen zur Kathode. An der Kathode wird Sauerstoff zugeführt, der dort reduziert wird (Bild 1b). Die Reduktion erfolgt mittels der Elektronen, die von der Anode über den äußeren Stromkreis zur Kathode gelangen.

$$\text{Kathode:} \quad O_2 + 4\,H^+ + 4\,e^- \;\rightarrow\; 2\,H_2O$$

Als Gesamtreaktion der Brennstoffzelle ergibt sich so die Umsetzung von Wasserstoff mit Sauerstoff zu Wasser (Bild 1c). Im Gegensatz zur Knallgasreaktion, bei der Wasserstoff und Sauerstoff explosionsartig miteinander reagieren, findet die Umsetzung hier in einer sogenannten kalten Verbrennung statt, da die Reaktionsschritte räumlich getrennt an Anode und Kathode stattfinden.

$$\text{Gesamtreaktion:} \quad 2\,H_2 + O_2 \;\rightarrow\; 2\,H_2O$$

Die Spannung einer einzelnen Wasserstoff-Sauerstoff-Brennstoffzelle beträgt theoretisch 1,23 V bei einer Temperatur von 25 °C (dieser Wert ergibt sich aus den Standardelektrodenpotenzialen). Im Brennstoffzellenbetrieb wird diese Spannung jedoch nicht erreicht, sie liegt hier bei ca. 0,5…1,0 V. Spannungsverluste sind z. B. auf Reaktionshemmungen oder gestörte Gasdiffusion zurückzuführen. Im Wesentlichen hängt die Spannung von Temperatur, Stöchiometrie, Druck und Stromdichte am Betriebspunkt ab. Um die für eine technische Anwendung notwendigen höheren Spannungen zu erreichen, werden aus Einzelzellen Stacks („Stapel") hintereinander geschaltet (Bild 2).

Weiterer Aufbau der PEM-BZ
In den Elektroden der Brennstoffzelle laufen die beschriebenen Reaktionen an Katalysatoren ab. Neben der elektrischen Leitfähigkeit muss auch eine protonische Leitfähigkeit gegeben sein. Außerdem muss der Zugang der Reaktanden (Wasserstoff, Sauerstoff) zu den Elektroden gewährleistet sein. Um diese Anforderungen zu erfüllen, werden die Elektroden der Brennstoffzelle aus einer porösen Matrix aus Katalysatormaterial und protonenleitendem Polymer gebildet (Bild 3). Katalytisch aktive Materialien sind kohlenstoffgeträgerte Edelmetallkatalysatoren. Hierfür kommt sowohl in der Anode als auch in der Kathode als häufigstes Material Platin auf hochoberflächigen[1] Rußpartikeln zum Einsatz.

Für den Aufbau der PEM-BZ werden zusätzlich Bipolarplatten (BPP; Bild 4) und

---

[1] Rußpartikel mit hoher spezifischer Oberfläche

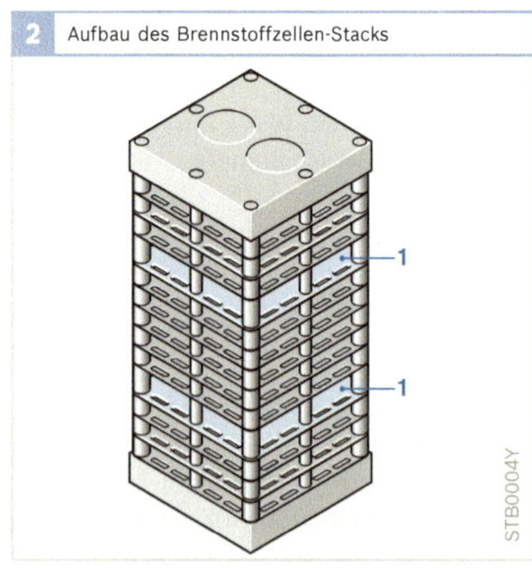

2 Aufbau des Brennstoffzellen-Stacks

Gasdiffusionslagen (GDL) benötigt. Aufgabe der Bipolarplatten ist die Zuführung von Reaktionsgasen zu den aktiven Flächen (Oberflächen der Elektroden) und die elektrische Anbindung der Elektrodenräume (Ableitung von Elektronen auf der Anodenseite, Zuleitung von Elektronen auf die Kathodenseite). Als Material kommt hierbei entweder graphitgefüllter Kunststoff oder Metall zum Einsatz. Die Gasdiffusionslagen (GDL) aus Kohlefasern in Form von Vliesen oder Geweben erfüllen mehrere Aufgaben. Neben der gleichmäßigen Verteilung der Reaktionsgase auf die Elektroden stellt die GDL durch ihre elastische Struktur eine gute mechanische und elektrische Anbindung an die Katalysatorschicht sicher. Um ein Ausströmen der gasförmigen Reaktanden (Wasserstoff und Sauerstoff) zu verhindern, werden zusätzlich Dichtungen zwischen den Bipolarplatten und den aktiven Flächen benötigt.

Brennstoffzellen-Stacks für den automobilen Antriebsstrang

Zur Realisierung eines Antriebsstrangs auf Basis von Brennstoffzellen werden Stacks im Leistungsbereich von 60...100 kW eingesetzt. Die Stacks bestehen aus ca. 300 bis 450 Zellen, sodass die maximale Betriebsspannung bei 300...450 V liegt. Damit werden Leistungsdichten von 1500...2000 Watt/Liter Stackvolumen erreicht.

Für eine kommerzielle Nutzung als Fahrzeugantrieb müssen die Brennstoffzellenstacks sowohl in technischer als auch in wirtschaftlicher Hinsicht noch verbessert werden. Bezüglich der technischen Eigenschaften muss die Alltagstauglichkeit nachgewiesen werden. Dies betrifft insbesondere die Lebensdauer und Betriebstemperatur des Brennstoffzellenstacks. Aufgrund der relativ niedrigen Betriebstemperatur sind große Kühlerflächen erforderlich und das Fahrzeug kann nicht in extrem heißen Gegenden betrieben werden.

Notwendig ist eine weitere Vereinfachung des Gesamtsystems durch robustere Brennstoffzellenstacks. Ein Ansatz wäre die Entwicklung neuer Elektrolyt-Membranen, bei denen auf eine Befeuchtung der Reaktionsgase verzichtet werden könnte und die gleichzeitig eine Erhöhung der Betriebstemperatur erlauben würden.

In Bezug auf die Wirtschaftlichkeit müssen die Kosten für Brennstoffzellenstacks deutlich verringert werden. Dabei liegen die größten Einsparpotenziale beim Platingehalt der katalytischen Beschichtung. Hieraus resultiert der Ansatz, platinfreie Katalysatoren oder Katalysatoren mit geringem Platinanteil zu entwickeln.

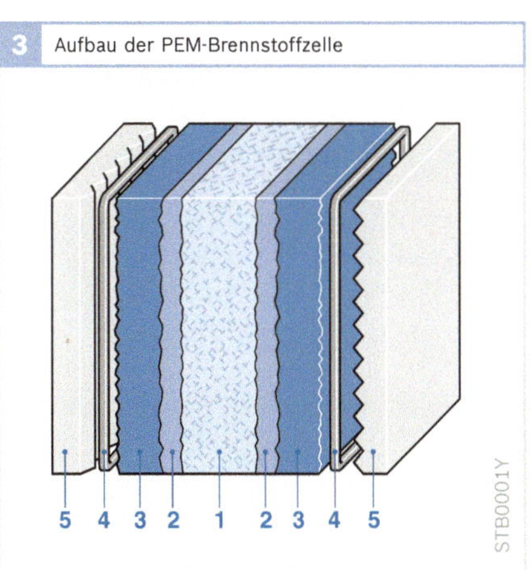

3 Aufbau der PEM-Brennstoffzelle

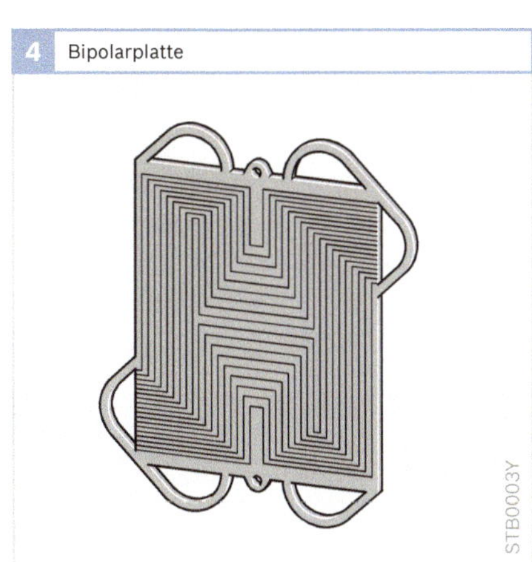

4 Bipolarplatte

Bild 3
1 Membran (Elektrolytschicht)
2 Elektroden (Katalysatorschicht)
3 Gasdiffusionslagen
4 Dichtungen
5 Bipolarplatten

Hybridisierte Brennstoffzellen-Fahrzeuge

Hybridisierte Brennstoffzellen-Fahrzeuge haben als Antrieb einen Elektromotor, der von einem Brennstoffzellensystem mit elektrischer Energie versorgt wird (Bild 5). Ein weiterer wichtiger Bestandteil ist die Traktionsbatterie, in der elektrische Energie aus der Brennstoffzelle oder aus der Rekuperation von Bremsenergie zwischengespeichert wird.

Der Antrieb des Brennstoffzellenfahrzeugs erfolgt durch einen direkt übersetzten Elektroantrieb. Der Antrieb besteht aus einer Synchron- oder Asynchronmaschine, die von einem Umrichter so bestromt wird, dass das geforderte Motormoment eingeregelt wird. Aufgrund der hohen Leistung für den Elektroantrieb (bis zu 100 kW) wird in einem Brennstoffzellenfahrzeug ein Traktionsnetz eingesetzt, das mit höherer Spannung betrieben wird (HV, High Voltage; bis zu 450 V). Im Traktionsnetz sind der Elektroantrieb sowie die Hochleistungsverbraucher mit Brennstoffzelle und Traktionsbatterie verbunden, wobei zwischen BZ-Stack und Batterie ein Traktions-DC/DC-Wandler geschaltet ist. Zusätzlich gibt es - wie bei konventionellen Fahrzeugen - ein 12-V-Bordnetz für die elektrischen Verbraucher mit kleiner Leistung (LV, Low Voltage), das über einen weiteren DC/DC-Wandler aus dem Traktionsnetz versorgt wird.

Der Brennstoffzellenantrieb des Fahrzeugs wird im Wesentlichen von den Systemen Hydrogen Air Management (HAM), Thermisches Management (THM), Elektrisches Energiemanagement (EEM) und dem elektrischen Fahrantrieb gesteuert.

Aufgabe des Hydrogen Air Managements (HAM) ist es, der Brennstoffzelle Luft und Kraftstoff, hier also Wasserstoff, zuzuführen. Der Wasserstoff ist im Hochdrucktank auf 700 bar verdichtet. Über einen Druckminderer wird der Wasserstoff auf ca. 10 bar entspannt und über den Hydrogen Gas Injector der Anode zugeführt.

Der zur elektrochemischen Reaktion notwendige Sauerstoff wird der Umgebungsluft entnommen. Die Luft wird auf der Kathodenseite der Brennstoffzelle über einen Luftfilter von einem Kathodenverdichter angesaugt und auf ca. 2 bar verdichtet. Die Regelung des Luftmassenstroms übernimmt hierbei i. W. der Verdichter. Der Druck wird über ein Staudruckregelventil, das dem Drosselklappensteller des Verbrennungsmotors ähnlich ist, eingestellt. Um ein Austrock-

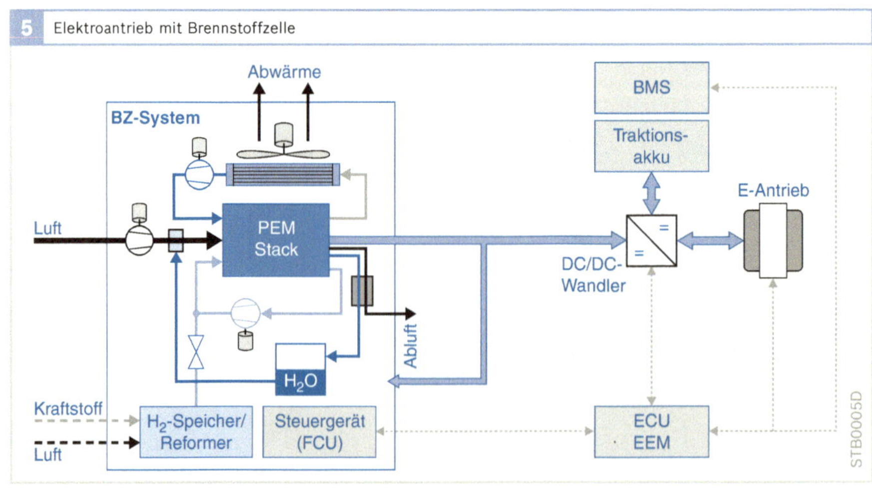

5 Elektroantrieb mit Brennstoffzelle

nen der Membran zu verhindern, wird die dem Brennstoffzellenstack zugeführte Luft über einen Gas-Gas-Befeuchter mit Wasser angereichert.

PEM-Brennstoffzellen mit einer Betriebstemperatur von ca. 85 °C arbeiten auf einem niedrigeren Temperaturniveau als Verbrennungsmotoren. Aufgrund des niedrigeren Temperaturniveaus müssen hier Kühler und Lüfter größer ausgelegt werden. Da das eingesetzte Kühlmittel in direktem Kontakt mit den Elektroden der Brennstoffzelle steht, muss es elektrisch nichtleitend (deionisiert) sein. Das THM hat neben der Temperierung der Brennstoffzellenkomponenten auch die Aufgabe, alle elektrischen Aggregate zu kühlen.

Das Elektrische Energiemanagement (EEM) übernimmt die Verteilung der elektrischen Energieströme im Fahrzeug und regelt den Strom, der aus der Brennstoffzelle entnommen wird. Es sind drei wesentliche Energielieferanten/-speicher zu berücksichtigen: Das Brennstoffzellenstack, die Traktionsbatterie und die E-Maschine.

Die elektrischen Energieflüsse werden mittels Umrichtern, Wechselrichtern und DC/DC-Wandlern gesteuert. Eine weitere Aufgabe des EEM ist die Regelung der E-Maschine auf ein gewünschtes Drehmoment.

Betrieb des BZ-Systems

Startvorgang

Für den Startvorgang eines hybridisierten Brennstoffzellenfahrzeugs wird elektrische Energie aus der 12-V-Bordnetzbatterie und aus der Traktionsbatterie (HV-Akku) genutzt. Das 12-V-Bordnetz versorgt die Steuergeräte, die nach dem Wecken durch die Fernentriegelung oder den Zündschlüssel das Traktionsbordnetz hochfahren. Hierzu fordert die Triebstrangsteuerung (PTM, Powertrain Management) elektrische Energie vom Elek-

trischen Energiemanagement (EEM) an, das wiederum eine Anforderung an die Brennstoffzellen-Steuerung (FCM, Fuel Cell Management) sendet. Das FCM muss nun den Brennstoffzellen-Stack so vorkonditionieren, dass er möglichst schnell in der Lage ist, elektrische Leistung abzugeben. In der Zwischenzeit wird das Traktionsbordnetz alleine aus der Traktionsbatterie gespeist, sodass das Fahrzeug bereits anfahren kann.

Vorkonditionierung des BZ-Stacks

Sobald das EEM Energie vom FCM anfordert, läuft der BZ-Luftverdichter an, die Wasserstoffversorgung aus dem Hochdrucktank wird freigegeben und die Kühlmittelpumpe beginnt zu fördern. Bei Temperaturen über 0 °C ist der BZ-Stack innerhalb weniger Sekunden in der Lage, elektrische Energie abzugeben. Bei Temperaturen unter 0 °C dauert die Konditionierungsphase wesentlich länger und kann sich bei heutigem Stand der Technik im Bereich einiger Minuten bewegen.

Um den BZ-Stack schnell auf Betriebstemperatur zu bringen, muss er elektrisch belastet und so betrieben werden, dass er möglichst viel Wärme und wenig elektrische Leistung liefert. Dabei sind alle elektrischen Zuheizer von Vorteil. Sobald der BZ-Stack eine bestimmte Leistungsfähigkeit erreicht hat, kann er dem Traktionsnetz zugeschaltet werden und die Brennstoffzellenleistung wird über einen DC/DC-Wandler geregelt. Von diesem Zeitpunkt an werden die 12-V-Bordnetz-Batterie sowie die Traktionsbatterie geladen und der Elektroantrieb und weitere elektrische Verbraucher werden mit Energie versorgt.

Fahrbetrieb

Während der Fahrt variiert die erforderliche elektrische Leistung in Abhängigkeit von Fahrgeschwindigkeit, Steigungen, Gefällen usw. Das EEM regelt den Fluss der elektrischen Ströme so, dass die Batterien ausreichend geladen bleiben, die Brennstoffzelle nicht überlastet wird und die

Verbraucher mit genügend elektrischer Energie versorgt werden. Dazu berechnet das EEM eine elektrische Leistungsanforderung und sendet diese an das FCM. Das FCM stellt die Gasversorgung und das Kühlsystem so ein, dass der Stack die geforderte Leistung im optimalen Betriebspunkt abgeben kann. Dabei wird die Stacktemperatur in einem definierten Temperaturbereich geregelt und die Abwärme der Brennstoffzelle wird über einen Kühlmittelkreislauf abgeführt.

Kurzfristige Leistungsspitzen, z. B. beim Anfahren oder Beschleunigen, werden von der Traktionsbatterie abgedeckt, da das Brennstoffzellensystem elektrische Leistung nur mit einer kurzen Verzögerung abgeben kann.

Beim Bremsen des Fahrzeugs kann der elektrische Antrieb generatorisch betrieben werden, sodass er kinetische Energie der Räder in elektrische Energie umwandelt, die in der Traktionsbatterie gespeichert wird (regeneratives Bremsen). Das regenerative Bremsen verbessert die Effizienz des Brennstoffzellenfahrzeugs erheblich, da ein Teil der Energie, die sonst beim Bremsen als Reibungswärme verloren geht, hier genutzt werden kann. Regeneratives Bremsen ist jedoch nur möglich, solange die Traktionsbatterie elektrische Energie aufnehmen kann.

Anpassung der Stack-Leistung über die Wasserstoffmenge

Ziel der Betriebsstrategie des FCM ist es,
- die angeforderte Leistung möglichst schnell zur Verfügung zu stellen,
- den Betrieb des Brennstoffzellensystems mit optimalem Wirkungsgrad zu gewährleisten,
- eine Leistungsreserve zur Verfügung zu stellen, die unmittelbar genutzt werden kann.

Das EEM teilt dem FCM die erforderliche elektrische Nettoleistung mit. Das FCM steuert Druck und Massenstrom von zugeführtem Wasserstoff und Luft so, dass das BZ-System die angeforderte Nettoleistung bei optimalem Wirkungsgrad bereitstellt. Um die Brennstoffzelle gegen Überlastung zu schützen, teilt das FCM dem EEM die aktuell mögliche elektrische Leistungsfähigkeit des BZ-Systems mit.

Das BZ-System wird physikalisch über eine Strom-Spannungsschnittstelle repräsentiert. Bild 6 zeigt den charakteristischen Verlauf von Spannung, Leistung und Wirkungsgrad einer Zelle des BZ-Stacks über der Belastung (Stromdichte). Die einzelne Zelle – und damit auch der gesamte BZ-Stack – hat ihren besten Wirkungsgrad bei kleiner Last. Der Stack-Wirkungsgrad ist definiert als Quotient aus der abgegebe-

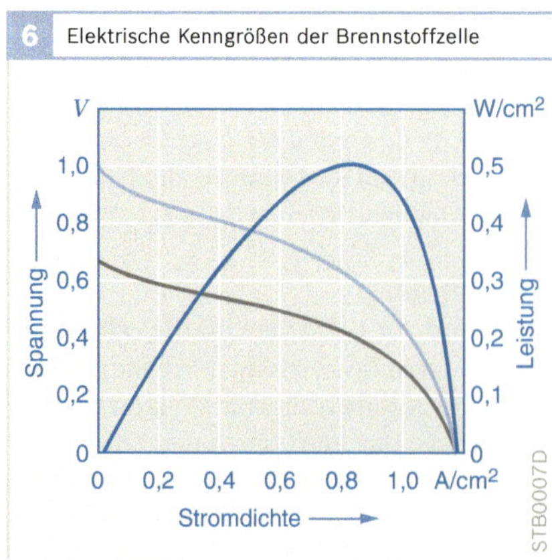

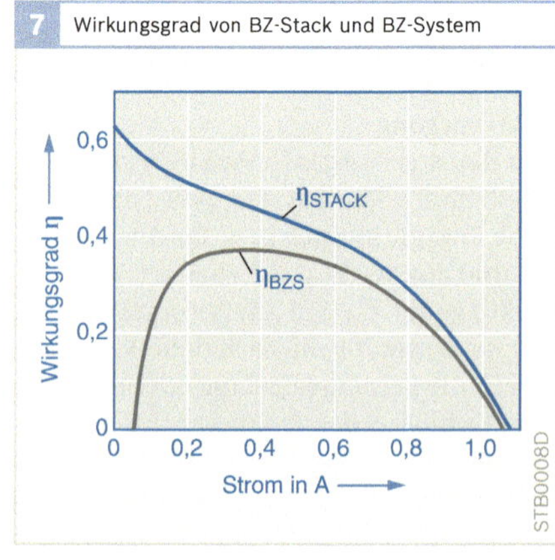

Bild 6
— spezifische Leistung
— Spannung
— Wirkungsgrad

nen elektrischen Leistung des BZ-Stacks und der pro Zeiteinheit zugeführten, im Wasserstoff chemisch gebundenen Energie.

Bei der Betrachtung des Wirkungsgrades muss berücksichtigt werden, dass zum Betrieb des BZ-Stacks auch Nebenaggregate versorgt werden müssen. So benötigt z. B. der Kathodenluftverdichter zum Verdichten und Fördern des Luftmassenstroms mehrere Kilowatt Leistung (parasitäre Leistung). Der beste Systemwirkungsgrad (im Gegensatz zum Stack-Wirkungsgrad) verschiebt sich dadurch in den Bereich mittlerer Stromdichtewerte. Bild 7 zeigt den Wirkungsgradverlauf des gesamten BZ-Systems.

Das FCM stellt für den angeforderten Lastpunkt die optimalen Betriebsbedingungen des BZ-Stacks ein; dazu gibt es Druck und Massenstrom der Gase *Wasserstoff* und *Luft* vor, die der Brennstoffzelle zugeführt werden. Zusätzlich wird das optimale Betriebstemperaturniveau eingestellt. Die BZ wird jetzt mit optimalem Wirkungsgrad betrieben (Bild 8), jedoch in der Regel nicht mit maximaler Ausnutzung der erreichbaren elektrischen Leistung. Die maximale elektrische Leistungsabgabe liegt bei höherer Last und könnte ohne Änderung der Gasströme kurzfristig als Leistungsreserve zur Verfügung gestellt werden, allerdings auf Kosten des Gesamtwirkungsgrades.

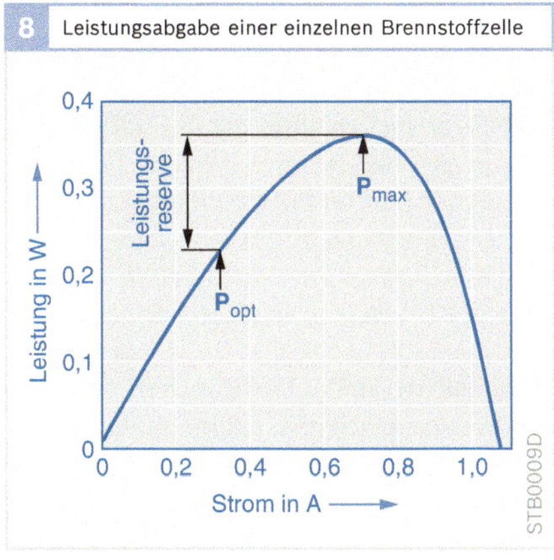

8   Leistungsabgabe einer einzelnen Brennstoffzelle

Thermomanagement

Brennstoffzellen haben einen elektrischen Wirkungsgrad von ca. 50 % bei Nennbetrieb. Dies bedeutet, dass etwa gleich viel Wärmeleistung wie elektrische Nennleistung bei der Umwandlung von chemischer Energie anfällt. Die Wärme muss i. W. an die Umgebung abgeführt werden (Verlustwärme), ein Teil wird auch zur Beheizung der Fahrgastzelle eingesetzt.

Bei Verbrennungsmotoren wird ein großer Teil der Verlustwärme über das Abgas nach außen abgegeben. Da dies bei der Brennstoffzelle nicht der Fall ist, muss dort nahezu die gesamte Verlustwärme über die Kühlflüssigkeit abgeführt werden (Bild 9). Hinzu kommt, dass BZ-Stacks auf einem relativ niedrigen Temperaturniveau von heute maximal 85 °C betrieben werden, also deutlich unter dem Temperaturniveau von Verbrennungsmotoren. Deshalb müssen Kühler und Kühlerlüfter bei der Brennstoffzelle größer dimensioniert werden.

Im Gegensatz zu Verbrennungsmotoren darf das Kühlmittel bei der Brennstoffzelle elektrisch nicht leitend sein, weil es in direktem Kontakt mit den Elektroden des BZ-Stacks steht. Deshalb wird deionisiertes Kühlmittel verwendet, das allerdings hohe Anforderungen an die Korrosionsfestigkeit der eingesetzten Komponenten stellt. Zudem sind Einrichtungen erforderlich, die die elektrische Nichtleitfähigkeit über die gesamte Betriebsdauer sicherstellen.

Die wesentlichen Elemente zur Regelung der Stacktemperatur sind die elektrische Haupt-Kühlmittelpumpe, das elektrische Kühlmittel-Regelventil und der Kühlerlüfter. Die Temperaturregelung ist energetisch optimiert, d. h. die Stellelemente werden so angesteuert, dass möglichst wenig Energie für den Betrieb des Kühlsystems benötigt wird. Die Kühlung der Nebenaggregate erfolgt auf einem niedrigeren Temperaturniveau bei ca. 50...70 °C in einem unabhängigen Kühlmittelkreislauf.

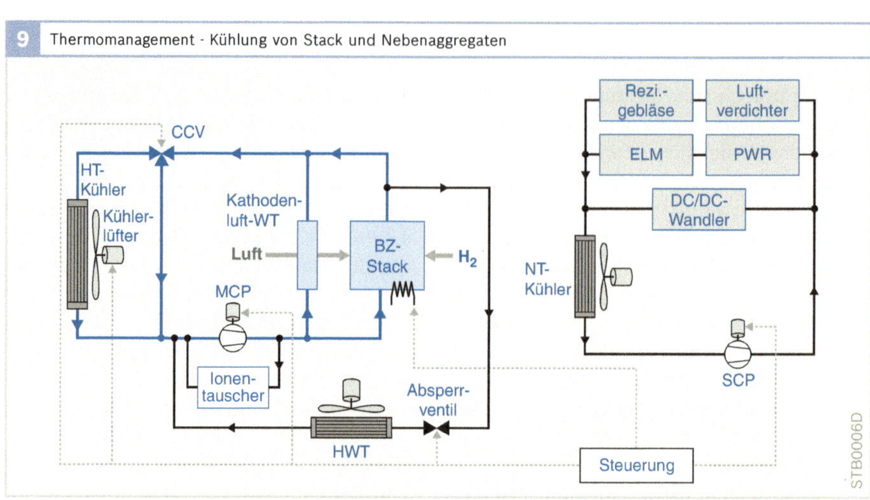

Management des elektrischen Antriebs und des Bordnetzes

Ziel des EEM ist die ausreichende und sichere Versorgung des elektrischen Antriebs und der Verbraucher. Dabei müssen die zulässige Brennstoffzellenbelastung, der Wasserstoff-Verbrauch sowie die Ladezustände von Traktions- und Bordnetzbatterie berücksichtigt werden. Hierzu werden die elektrischen Leistungsflüsse zwischen Brennstoffzelle, Traktionsbatterie, Elektroantrieb sowie HV- und LV-Verbrauchern geregelt. Die Regelung muss dabei die Bordnetzstabilität und die Einhaltung von Spannungsgrenzen berücksichtigen. Als Stellelemente stehen dem EEM der Traktions-DC/DC-Wandler, der Elektroantrieb, Verbraucherbegrenzung oder -abschaltung und das BZ-System über Leistungsstellung zur Verfügung.

Das EEM führt folgende Funktionen aus:
- Bilanzierung der elektrischen Leistungen,
- Berechnung der optimalen Aufteilung der elektrischen Last auf Brennstoffzelle und Traktionsbatterie,
- Generierung der Sollwerte für das BZ-System,
- Bestimmung der elektrischen Grenzwerte für den Elektroantrieb,
- Bestimmung der Soll- und Grenzwerte für die DC/DC-Konverter,
- Begrenzung oder Abschaltung von elektrischen Verbrauchern.

In Abhängigkeit von der Fahrgeschwindigkeit und der Momentenanforderung errechnet die Elektronik des Elektroantriebs die benötigte Antriebsleistung und sendet diese an das EEM. Dort werden alle elektrischen Verbraucher im Fahrzeug bilanziert und eine optimale Aufteilung der elektrischen Last auf BZ und Batterien berechnet. Die resultierende Leistungsanforderung an die BZ wird dem FCM übermittelt. Vom BZ-System und der Traktionsbatterie wird kontinuierlich die zulässige Belastung zurückgemeldet, sodass ggf. die Traktionsbatterie ein Leistungsdefizit der BZ überbrücken kann. Ist das Defizit nicht auszugleichen, werden elektrische Verbraucher und notfalls auch der Elektroantrieb begrenzt oder völlig abgeschaltet, um das Bordnetz stabil zu halten und BZ sowie Batterien zu schützen. Hierzu sendet das EEM Leistungs- und Spannungs-Grenzwerte an die Verbraucher. Besonders zu berücksichtigen ist dabei die Interaktion zwischen den großen elektrischen Verbrauchern und Erzeugern: Elektroantrieb, BZ-System und Traktionsbatterie.

Komponenten des Brennstoffzellensystems

Komponenten des Hydrogen-Air-Managements (HAM)

Betankung

Als Wasserstofftank für Fahrzeuge haben sich Druckgasspeicher (CH_2) und Flüssiggasspeicher (LH_2) durchgesetzt (s. Abschnitt *Wasserstoffspeicherung für mobile Anwendungen*).

Der im Tank unter Hochdruck stehende Wasserstoff muss für den Betrieb auf ca. 10 bar entspannt werden. Dies erfolgt über einen Tankdruckminderer. Obwohl Wasserstoff sich (im Gegensatz zu anderen Gasen) aufgrund des Joule-Thomson-Effekts bei der adiabatischen Entspannung um wenige Grad Celsius erwärmt, überwiegt an der Drosselstelle der Abkühleffekt durch die hohe Strömungsgeschwindigkeit des Gases. Erst wenn sich die Gasströmung wieder verlangsamt, überwiegt die Erwärmung des Gases. Die lokale Abkühlung an der Drosselstelle muss bei der Konstruktion berücksichtigt werden, da das abgekühlte Gas hier Wärme aufnimmt, was zu einer zusätzlichen Temperaturerhöhung des entspannten Gases führt.

Wasserstoffzuführung

Der Hydrogen Gas Injector (HGI) ist ein elektrisch ansteuerbares Druckregelventil, über das anodenseitig der Druck des Wasserstoffs eingestellt wird. Das Ventil wird entsprechend einem Drucksensorsignal angesteuert. Im Gegensatz zu Einspritzventilen bei Verbrennungsmotoren muss das HGI kontinuierliche Massenströme einstellen können. Während beim Verbrennungsmotor das Ventil im richtigen Moment die gewünschte Treibstoffmenge einspritzen oder einblasen muss, muss beim Brennstoffzellensystem die ausreichende Bevorratung an Wasserstoff bei dem richtigen Druckniveau eingeregelt werden.

Dies kann bei Taktventilen über eine zeitliche Modulation von Ansteuerung und Nichtansteuerung im 20-ms-Takt realisiert werden. Geeigneter ist es jedoch, mit Proportionalventilen den Massenstrom über die Drosselöffnung einzustellen. Ein typischer Durchflusswert liegt bei 2,1 g/s Wasserstoff. Der einzuregelnde Druck beträgt maximal 2,5 bar.

Der Brennstoffzellenstack benötigt eine Durchströmung mit Wasserstoff auf der Anodenseite, um die Leistungsfähigkeit des Stacks zu erhöhen (Homogenisierungsmaßnahme). Damit möglichst kein Wasserstoff nach außen abgegeben wird, wird er innerhalb des Systems durch ein Rezirkulationsgebläse im Kreis gefördert.

Störende Fremdgase auf der Anodenseite werden über ein elektrisch ansteuerbares Ventil, das Purgeventil, abgelassen. Dieses *Purgen* verhindert eine Anreicherung von störenden Fremdgasen aus dem Tank oder von Diffusionsgasen von der Kathodenseite (z. B. Stickstoff). Das Ventil ist anodenseitig am Stackausgang angebracht. Auch zum Ausblasen unerwünschter Wassermengen im Anodenpfad wird das stromlos geöffnete Ventil eingesetzt.

Der über das Purgeventil nach außen abgegebene Wasserstoff wird in einem Katbrenner mit dem Luftsauerstoff zu Wasser umgesetzt. Die dabei freiwerdende Wärme wird bei manchen Systemen z. B. zum Heizen genutzt.

Luftzuführung

Der elektrische Kathodenverdichter hat die Aufgabe, entsprechend der geforderten Brennstoffzellenleistung einen Luftmassenstrom zu erzeugen und auf Systemdruck zu verdichten. Die Luft wird durch die Verdichtung erwärmt und muss über einen Kathodenluftkühler temperiert werden. Die angesaugte Luft wird mit einem Luftfilter von Fremdpartikeln gereinigt.

Ein Luftmassenstromsensor misst die Luftmenge, die der Kathode zugeführt wird. Er ist in der Regel als Heißfilmluftmassenmesser (HFM) ausgeführt. Der

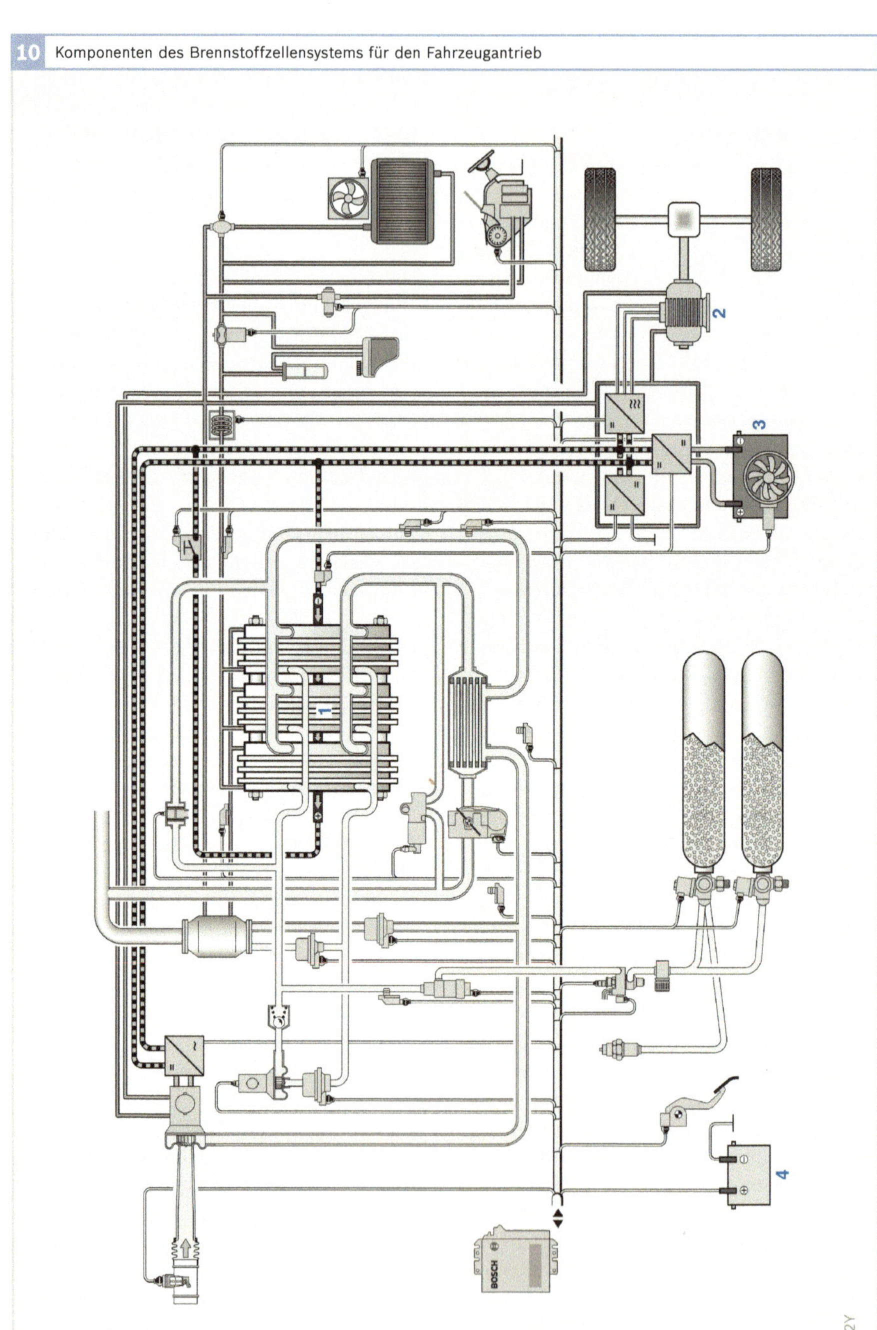

Bild 10

1 Brennstoffzelle
2 Elektromotor
3 Traktionsbatterie
4 Batterie 12 V

Luftmassenstrom hat bei einer 85-kW-Brennstoffzelle eine Größenordnung von 400 kg pro Stunde.

Während der Verdichter im Wesentlichen für die Erzeugung eines vorgegebenen Massenstroms zuständig ist, regelt das Staudruckregelventil (Drosselklappe) den Druck ein. Die Regelstrategie berücksichtigt, dass Druck und Massenstrom prinzipbedingt nicht unabhängig voneinander eingestellt werden können.

Der Druck der zugeführten Gasströme auf beiden Eingangsseiten der Brennstoffzelle wird von Anoden- bzw. Kathodendrucksensoren gemessen. Bei der Druckregelung muss beachtet werden, dass eine festgelegte Druckdifferenz zwischen Anoden- und Kathodenseite nicht überschritten werden darf. Schon eine Druckdifferenz von 0,5 bar kann zu Schädigungen an der Brennstoffzellen-Membran führen.

Aus Sicherheitsgründen sind mehrere Wasserstoffsensoren im Fahrzeug angebracht. Wasserstoff kann schon ab einem Anteil von 4 Vol.-% in der Luft zu einem zündfähigen Gemisch führen; die Sensoren sprechen schon ab 1 Vol.-% an.

Befeuchtung der Luft

Brennstoffzellen arbeiten nur innerhalb eines bestimmten Feuchtebereichs optimal. Daher muss der trockene Luftmassenstrom auf der Kathodenseite befeuchtet werden. Dies kann über einen Gas-Gas-Befeuchter geschehen. Für die Befeuchtung wird der Wasserdampf verwendet, der infolge der elektrochemischen Umsetzung in der Brennstoffzelle entsteht und der mit einer Temperatur von ca. 80 °C die Kathode verlässt.

Der Gas-Gas-Befeuchter besteht aus Bündeln von Trennmembranen, die ein gutes Übertragungsverhalten für Wasser, jedoch eine weniger gute Übertragung für Sauerstoff haben. Durch dieses selektive Verhalten kann über das Partialdruckgefälle aus dem feuchten Abgas die trockene Luft aus dem Verdichter befeuchtet werden, ohne dass Sauerstoff in großen Mengen auf die Abgasseite diffundiert.

Ein Kathoden-Bypassventil stellt die Menge der dem Gas-Gas-Befeuchter zugeführten feuchten Kathodenabluft ein und steuert damit die Feuchte der Kathodenluft am Stackeintritt. Indirekt wird damit auch die Feuchte der Brennstoffzellenmembran eingestellt.

Zur Regelung der optimalen Feuchte der Kathodenluft wird ein Feuchtesensor eingesetzt.

Komponenten des thermischen Managements (THM)

Kühlung des Stacks

Die elektrische Kühlmittelpumpe fördert einen definierten Kühlmittelstrom durch alle in den Kühlmittelkreislauf eingebundenen Komponenten. Wesentliche Aufgaben sind die Kühlung und homogene Temperierung des Stacks. Abhängig von der Wärmeabgabe des Stacks wird dabei ein definierter Kühlmittelstrom gefördert, so dass sich die Temperaturdifferenz zwischen Kühlmitteleingang und -ausgang auf einen gewünschten Wert einstellt. Die hydraulische Auslegung der Kühlmittelpumpe ist stark abhängig vom Aufbau und der Betriebsstrategie des Stacks. Die Nenn-Fördermenge liegt bei 10 000 bis 12 000 l/h.

Die Kühlmittelpumpe ist als hermetische Kreiselpumpe mit integrierter Antriebselektronik ausgeführt. Sie hat eine elektrische Leistungsaufnahme von ca. 1 kW und wird aus dem Hochspannungsbordnetz versorgt.

Das Haupt-Kühlmittelregelventil ist das zentrale Stellglied zur Einstellung des gewünschten Kühlmittel-Temperaturniveaus im Stack. Es übernimmt die definierte Aufteilung des im Kühlmittelkreislauf umgewälzten Kühlmittelstroms auf Kühlerzweig und (Kühler-) Bypasszweig entsprechend dem Ansteuersignal. Nach der Wiedervereinigung beider Teilvolumenströme ergibt sich eine Mischtemperatur entsprechend der Volumenstromverhältnisse, die die Vorlauftemperatur des Stacks darstellt.

Das Kühlmittel muss elektrisch nichtleitend sein, da es in direktem Kontakt mit den Elektroden des Stacks steht. Es wird Kühlmittel auf Basis eines deionisierten Wasser-Glykol-Gemischs verwendet. Dieses Kühlmittel ist jedoch korrosiv und löst aus vielen Werkstoffen bei Kontakt Ionen heraus. Infolge des Ioneneintrags steigt die elektrische Leitfähigkeit des Kühlmittels an. Obwohl durch gezielte Auswahl der Werkstoffe im Kühlmittelkreislauf dieser Prozess stark eingeschränkt werden kann, ist eine permanente Kühlmittelreinigung erforderlich. Das Kühlmittel strömt dabei über einen mit Mischbettharz gefüllten Ionenaustauscher und wird durch Ionenentzug gereinigt.

Ein Leitfähigkeitssensor misst die elektrische Leitfähigkeit des Kühlmittels und meldet den Istwert an das Steuergerät des Brennstoffzellensystems. Der Sollwert der Kühlmittelleitfähigkeit liegt bei < 5...50 µS/cm.

Ein Ausgleichsbehälter bevorratet Kühlmittel, nimmt thermische Volumenänderungen des Kühlmittels auf und hält das Kühlsystem unter Druck. Er befindet sich an der geodätisch höchsten Stelle des Kühlmittelkreislaufs. Ggf. im Kühlkreislauf vorhandene Gase wie Luft oder Wasserstoff werden dorthin transportiert und gesammelt. Zur Befüllung des Systems befindet sich ein Deckel im Ausgleichsbehälter, in dem ein Über- und ein Unterdruckventil integriert sind.

Hauptkühler (Hochtemperaturkühler)

Der Hauptkühler dient der Abfuhr der vom Brennstoffzellenstack und dem Kathodenluftwärmetauscher in den Kühlmittelkreislauf eingetragenen Wärme an die Umgebungsluft. Die Betriebstemperatur des Stack liegt bei ca. 80...85 °C und darf nicht nennenswert überschritten werden.

Da Brennstoffzellensysteme - anders als Verbrennungsmotoren - nur einen geringen Abgaswärmestrom aufweisen, muss praktisch die gesamte Verlustwärme über den Kühlmittelkreislauf abgeführt werden. Das niedrigere Temperaturniveau sowie der höhere Kühlmittelwärmeeintrag bedingen eine größere Kühlerauslegung als beim Verbrennungsmotor. Deshalb ist auch der maximale Kühlluftbedarf des Brennstoffzellensystems im Vergleich zum Verbrennungsmotor erhöht.

Der Hauptkühler bildet zusammen mit dem Kühlerlüfter, der Kühlerzarge und dem Gaskühler der Fahrzeugklimaanlage das Kühlermodul. Das Kühlermodul ist im Fahrzeugvorbau angeordnet, um bestmöglich mit Fahrtwind als Kühlluft beaufschlagt zu werden.

Niedertemperaturkühler E-Kühlung

Die Betriebstemperatur des Stacks liegt über der Betriebstemperatur der elektrischen Nebenaggregate und EEM-Komponenten. Der Hauptkühler wird deshalb auch als Hochtemperatur-Kühler bezeichnet, wohingegen für die Kühlung der Elektronik ein separater Niedertemperaturkühler vorhanden ist. Der Niedertemperaturkühler dient der Wärmeabfuhr aus dem sekundären Kühlmittelkreislauf, der für die Kühlung der elektrischen Nebenaggregate und EEM-Komponenten verantwortlich ist.

Eine elektrische Sekundär-Kühlmittelpumpe fördert den notwendigen Kühlmittelstrom und wälzt diesen in einem eigenständigen Niedertemperatur-Kühlmittelkreislauf um. Der Temperaturbereich beträgt etwa 50...70 °C. Die Verwendung von elektrisch nichtleitendem Kühlmittel ist im Niedertemperatu-Kühlmittelkreislauf nicht erforderlich.

Haupt-Kühlerlüfter

Der Haupt-Kühlerlüfter unterstützt die Versorgung des Haupt- und Niedertemperaturkühlers sowie des Gaskühlers der Fahrzeugklimaanlage mit Kühlluft, sobald die Kühlluftbereitstellung durch den Staudruck (Fahrtwind) nicht ausreicht, z. B. bei Bergfahrt oder Fahrzeugstillstand. Die elektrische Aufnahmeleistung des Kühlgebläses liegt in der Größenordnung von ca. 750...1200 W. Im Falle des separat angeordneten Niedertemperaturkühlers der E-Kühlung ist ein zusätzlicher Sekundär-Kühlerlüfter erforderlich.

Heizungswärmetauscher

Der Heizungswärmetauscher hat die Aufgabe, bei Bedarf Wärme aus dem Stack-Kühlmittelkreislauf an die Klimatisierungsluft für den Fahrzeuginnenraum abzugeben.

Insbesondere im Teillastbetrieb, in dem das Brennstoffzellensystem sehr effizient arbeitet, wird teilweise nicht genügend Wärme vom Stack erzeugt, um eine ausreichende Beheizung der Fahrgastzelle sicherzustellen. In diesem Fall wird die Klimatisierungsluft durch nachgeschaltete elektrische PTC-Luftzuheizer (PTC: Positive Temperature Coefficient) zusätzlich erwärmt, bevor sie in den Fahrzeuginnenraum geleitet wird. Die elektrische Aufnahmeleistung der Luftzuheizer liegt im Bereich von 3...5 kW.

Ein Absperrventil öffnet oder schließt die Kühlmittelleitung zum Heizungswärmetauscher, damit dieser nur bei einer Heizleistungsanforderung mit Kühlmittel durchströmt wird.

Kathodenluftwärmetauscher

Der Kathodenluftwärmetauscher heizt oder kühlt (je nach Kühlmitteltemperatur, Betriebspunkt des Kathodenverdichters und Umgebungstemperatur) die Kathodenluft vor Eintritt in den Stack. Er ist als Kühlmittel/Luft-Wärmetauscher ausgeführt. Dadurch wird die Kathodenluft ungefähr auf das Temperaturniveau des Stack-Kühlmittelkreislaufs temperiert. Im Kühlleistungsfall muss der Kathodenluftwärmetauscher bei einem 60-kW-Stack eine Wärmeleistung von ca. 5 kW abführen können.

| 11 | Brennstoffzellensystem im Fahrzeug |

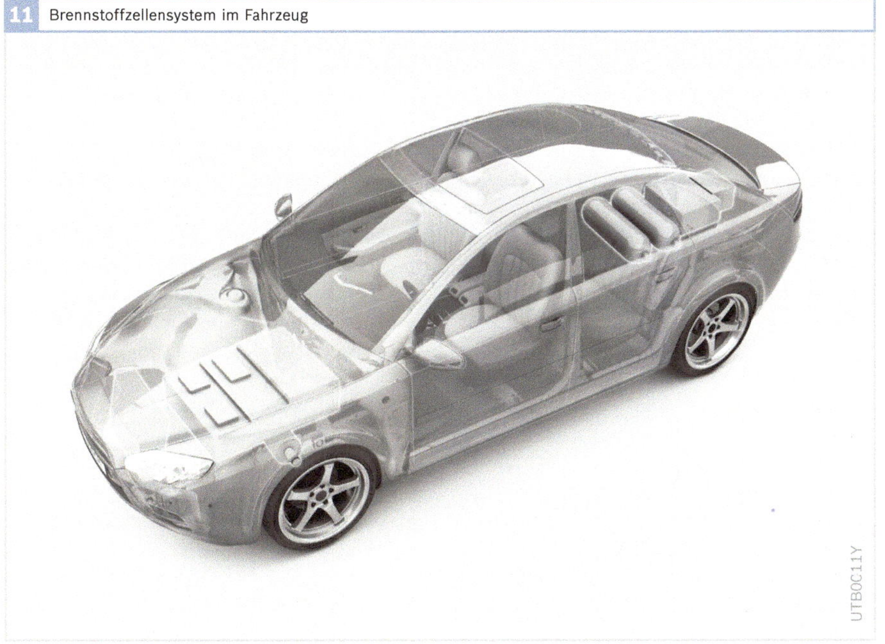

UTB0C11Y

Die kühlmittelseitige Zuheizung ist insbesondere für die Kaltfahrt bei niedriger Außentemperatur (ab ca. - 20 °C) notwendig, da dann die Temperaturanhebung der Kathodenluft infolge der Verdichtung nicht ausreicht.

Elektrischer Stack-Zuheizer

Zur schnellen Aufwärmung des Stacks bei Temperaturen unter 0 °C wird mittels einer elektrischen Widerstandsheizung zugeheizt. Die Zuheizung erfolgt möglichst nahe an der BZ-Membran, um eine unnötige Erwärmung stackexterner thermischer Massen zu vermeiden. Insbesondere in den Bereichen der Stackendplatten sind Zuheizmaßnahmen notwendig, da sich diese Bereiche am langsamsten erwärmen und generell niedrigere Temperaturen aufweisen als die mittleren Bereiche des Stacks.

Komponenten des elektrischen Energiemanagements (EEM)

Elektrischer Fahrantrieb

Der Elektroantrieb erzeugt das gewünschte Fahrmoment und ist aufgrund der hohen erforderlichen Antriebsleistung bis zu 100 kW als elektronisch kommutierter Antrieb ausgeführt. Er besteht aus einer Leistungselektronik (Umrichter) und dem Elektromotor. Während der Fahrt arbeitet der Antrieb im motorischen Betrieb; beim Bremsen oder im Schubbetrieb wird er in den generatorischen Betrieb umgeschaltet und erzeugt elektrischen Strom, der in der Traktionsbatterie gespeichert wird.

Die Gleichspannung des Traktionsbordnetzes wird im Umrichter in einen mehrphasigen Wechselstrom gewandelt, wobei die Amplitude in Abhängigkeit vom gewünschten Antriebsmoment geregelt wird. Da das Traktionsnetz aufgrund der hohen Antriebsleistungen eine Gleichspannung von bis zu 450 V aufweist, werden getaktete IGBT-Endstufen eingesetzt.

Eine Synchron- oder Asynchronmaschine wandelt die mehrphasige Wechselspannung des Umrichters in das gewünschte Antriebsmoment.

Traktionsbatterie

Zur Überbrückung von Leistungsspitzen und hochdynamischen Lastwechseln sowie zur Wirkungsgradsteigerung verfügt das Brennstoffzellensystem über einen Hochleistungsakku. Es werden NiMH oder Li-Ionen-Akkus mit Maximalleistungen von ca. 50 kW eingesetzt. Aufgrund der hohen Leistungen werden bis zu 240 Hochleistungszellen in Reihe geschaltet und somit eine Spannung von ca. 200 bis 300 V erreicht.

Zur Überwachung und Zustandsdiagnose des Akkusatzes ist ein Batterie-Management-System (BMS) an dem Zellpack angebracht, das den Ladezustand sowie die Leistungsfähigkeit berechnet. Ferner sind im BMS die Temperatur-, Spannungs- und Stromsensorik sowie Hochleistungsschütze integriert.

Zur Kühlung des Batteriesystems fördert ein drehzahlgeregeltes 12-V-Gebläse Kühlluft durch die Traktionsbatterie.

Traktions-DC/DC-Wandler

Ein nicht-potenzialgetrennter DC/DC-Wandler regelt die Lade- und Entladeströme des Traktionsakkus sowie die Last des Brennstoffzellenstacks. Üblicherweise liegt die Spannung zwischen 150...450 V, wobei Maximalströme von bis zu 300 A übertragen werden.

Bordnetz-DC/DC-Wandler

Das 12-V-Bordnetz wird aus dem Traktionsnetz versorgt. Dazu wird ein DC/DC-Wandler eingesetzt, der die Hochvolt-Spannung in eine 12-V-Spannung wandelt. Aus Sicherheitsgründen muss dabei ein potenzialgetrennter DC/DC-Konverter eingesetzt werden. Er arbeitet unidirektional mit einer Leistung von ca. 2...3 kW.

Das 12-V-Bordnetz des Brennstoffzellen-Fahrzeugs ist identisch zum Bordnetz von konventionellen Fahrzeugen aufgebaut. Aufgrund des Zwei-Spannungsbordnetzes ist ein getrennter Kabelbaum für Traktionsnetz (HV, High Voltage) und 12-V-Bordnetz erforderlich. In beiden Kabelbäumen werden Schmelzsicherungen zur Vermeidung von Überlastung der Stromkabel eingesetzt.

High Voltage Monitoring System (HVMS) für den Brennstoffzellenstack

Das HVMS ist am Brennstoffzellenstack angeordnet und beinhaltet die Strom- und Spannungssensorik sowie zwei Hochleistungsschütze für die Gleichspannungsanschlüsse der Brennstoffzelle. Es treten Spannungen bis 450 V und Ströme von über 300 A auf.

Wasserstoffspeicherung für mobile Anwendungen

Anforderungen

Für die Nutzung von Brennstoffzellen als Energiequelle eines Kraftfahrzeugs muss der für den Betrieb benötigte Wasserstoff gespeichert an Bord mitgeführt werden. An den Speicher werden verschiedene Anforderungen gestellt, wobei man sich weltweit an den Vorgaben des US Department of Energy (DOE) als Zielvorgaben orientiert. Diese Anforderungen können bis jetzt aber nur unvollkommen erfüllt werden. Die wichtigsten technischen Ziele sind:

▶ Begrenzung der H_2-Verluste, die z. B. durch Permeation von H_2 durch die Speicherwand entstehen.
▶ Hohe gravimetrische und volumetrische Speicherdichte, d. h. gespeicherte H_2-Masse bezogen auf das Gewicht bzw. das Volumen des Speichers.
▶ Fahrstrecke größer als 500 km zwischen zwei Tankstops. Dafür ergibt sich eine notwendige H_2-Speichermenge von mindestens 5 kg.

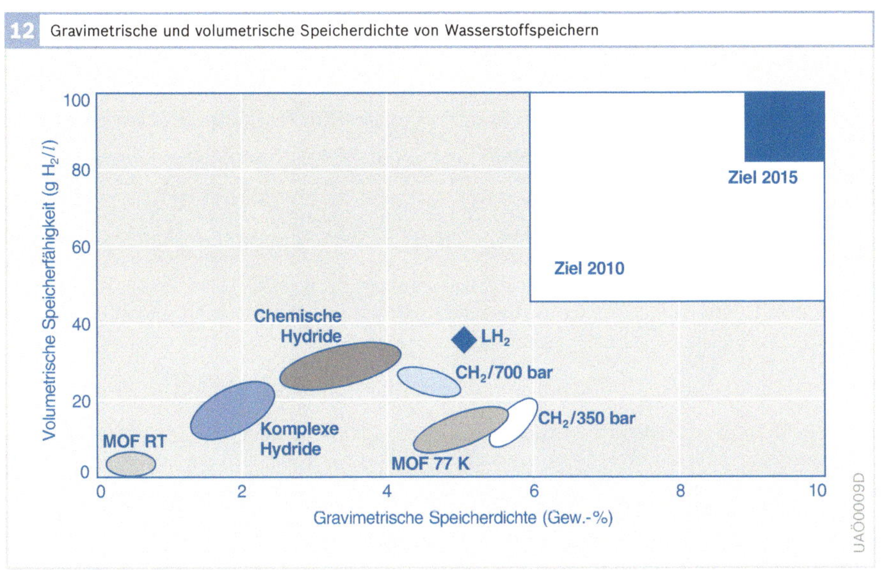

12 Gravimetrische und volumetrische Speicherdichte von Wasserstoffspeichern

▶ Vollständige Betankung innerhalb weniger Minuten.
▶ Sicherheit im Betrieb und bei Unfällen (z. B. bei Freisetzung von H_2 hinsichtlich der Brennbarkeit und Toxizität des Speichermaterials.)

Diese Anforderungen können bis heute nur unvollständig erfüllt werden.

Gravimetrische und volumetrische Speicherdichte

Wasserstoff hat zwar eine sehr hohe gewichtsbezogene Energiedichte (etwa $1{,}2 \cdot 10^5$ kJ/kg und damit fast dreimal so hoch wie die von Benzin), die volumenbezogene Energiedichte ist jedoch aufgrund der geringen spezifischen Dichte gering.

Trotz der hohen gewichtsbezogenen Energiedichte des Wasserstoffs ist die Gewichtsfrage nicht unerheblich; entscheidend ist hierbei aber nicht das Gewicht des Wasserstoffs alleine, sondern das Gewicht des gesamten Tanksystems (Speichermaterial, Tankwand und Komponenten wie z. B. Ventile und Druckregler).

Neben Sicherheitsaspekten, die selbstverständlich erfüllt werden müssen, sind gravimetrische und volumetrische Speicherdichte die vorrangigen technischen Kriterien für den Wasserstoffspeicher. Daneben spielen die Kosten des Speichers eine entscheidende Rolle.

Wasserstoffspeicher

Weltweit wird eine große Vielfalt von Speichersystemen untersucht und entwickelt. Bild 12 zeigt die derzeit als aussichtsreich eingestuften Speichersysteme mit den Eigenschaften gravimetrische und volumetrische Speicherdichte.

Flüssigwasserstoff (Liquid Hydrogen, LH_2) und Druckwasserstoff bei 700 bar (Compressed Hydrogen, CH_2) kommen den vom DOE gesteckten Zielen sowohl hinsichtlich der gravimetrischen als auch der volumetrischen Speicherdichte zurzeit am nächsten.

Andere Systeme wie Metallhydride, komplexe Hydride oder Metal Organic Frameworks (MOF) sind bisher entweder in

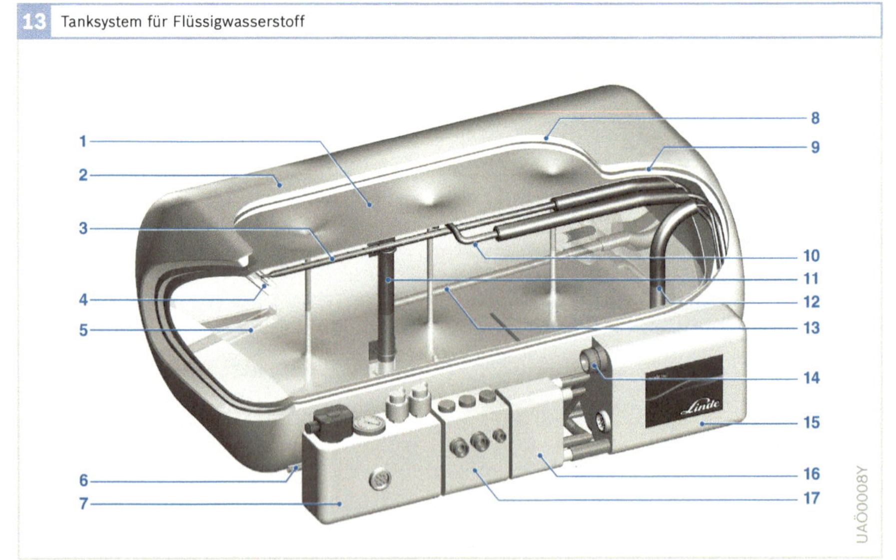

ihren Speicherwerten deutlich schlechter oder erfordern einen hohen Aufwand zum Betrieb des Systems. Erheblicher Energieaufwand kann z. B. bei chemischen Speichern und Adsorptionsspeichern zur Kühlung notwendig werden, um die beim Betanken freiwerdende Reaktionsenergie abzuführen. Umgekehrt muss ggf. erhebliche Energie zur Erwärmung des Speichers aufgebracht werden, um den Wasserstoff wieder freizusetzen.

Auch sind diese Speicher empfindlich gegen Verunreinigungen wie z. B. Wasserdampf oder Kohlenmonoxid im Wasserstoff-Gas. Diese Verunreinigungen können irreversibel H_2-Speicherplätze belegen, wodurch die Speicherkapazität des Materials reduziert wird.

Flüssigwasserstoffspeicher

Um Wasserstoff bei einem Druck von 1 bar zu verflüssigen, muss er auf 20 K (- 253 °C) abgekühlt werden. Dies erfordert einen großen Energieaufwand, der etwa einem Drittel des Energieinhalts des gespeicherten Wasserstoffs entspricht.

Bild 13 stellt einen Flüssigwasserstoff-Tank mit einem geometrischen Volumen von 120 Litern dar. Der maximal zulässige Betriebsdruck beträgt 8 bar. Die doppelwandige Speicherwand ist evakuiert und enthält eine isolierende Füllung.

Trotz der optimalen Isolierung ist ein Wärmeeintrag über die Speicheroberfläche unvermeidlich. Um den Wärmeeintrag möglichst klein zu halten, kommen für den Speicher nur Kugel- oder Zylinderformen in Frage. Mit diesen Geometrien lassen sich bei vorgegebenem Volumen die kleinsten Oberflächen und damit auch minimale Wärmeeinträge realisieren. Die Unterbringung des Tanks im Fahrzeug wird durch diese Formgebung jedoch erschwert.

Boil-off-Effekt
Durch den verdampfenden Wasserstoff nimmt der Druck im Speicher stetig zu. Bei einem definierten Überdruck öffnet ein Sicherheitsventil. Dadurch kann Wasserstoff entweichen, der dabei katalytisch in Wasser umgewandelt wird. Dieser boil-off-Effekt führt dazu, dass trotz bester thermischer Isolierung der Tank bei ruhendem Fahrzeug nach einigen Wochen entleert ist.

Druckspeicher

Druckspeicher bis 700 bar stellen eine weitere Lösung zur Speicherung von Wasserstoff dar. Diese Druckbehälter sind in Deutschland vom TÜV geprüft und für den Gebrauch zugelassen.

Um die notwendige mechanische Stabilität bei den hohen Speicherdrücken zu erzielen, kommen nur kugel- oder zylinderförmige Tankformen infrage. Dadurch wird der nutzbare Raum im Fahrzeug für Passagiere und Gepäck eingeschränkt. Durch die Anordnung mehrerer parallel geschalteter kleinerer Speicherzylinder kann das erforderliche Tankvolumen platzsparender im Fahrzeug untergebracht werden; dies ist aber mit höheren Kosten verbunden.

Alternative Kraftstoffe

Erdgas

Erdgas als alternativer Kraftstoff

Erdgas als Kraftstoff für Verbrennungsmotoren ist eine gute Alternative zur Reduzierung der CO_2-Emissionen und zur Luftreinhaltung. Erdgas besteht hauptsächlich aus Methan, wird unter Druck im Fahrzeugtank gespeichert und wird deshalb auch als CNG (Compressed Natural Gas, komprimiertes Erdgas) bezeichnet. Durch den Vorteil niedrigerer CO_2-Emissionen sowie nahezu keiner Partikelemissionen und durch die Möglichkeit, Benzinmotoren mit relativ geringem Aufwand an den Kraftstoff Erdgas anzupassen, hat der Erdgasbetrieb im Ottomotor gute Voraussetzungen, auch kurzfristig eine stärkere Verbreitung zu erfahren.

Markt für Erdgasfahrzeuge

Die größte Anzahl von Erdgasfahrzeugen gibt es in Teilen Asiens und Südamerikas (Tabelle 1). Wegen der lokalen Verfügbarkeit in Südamerika und dem Ziel der Nutzung eigener Ressourcen gibt es dort lokale Anstrengungen, alternative Kraftstoffe einzusetzen. Erdgas nimmt dabei eine Vorreiterrolle ein. So gibt es allein in Pakistan über 2,5 Millionen Erdgasfahrzeuge. Wegen des dortigen Kostendrucks werden jedoch sehr einfache Systeme, meistens als Nachrüstlösung, eingesetzt.

Das stärkste Wachstumspotential für vom Hersteller eingebaute Systeme gibt es in Indien, China und Iran, da hier die volkswirtschaftlichen Rahmenbedingungen den Einsatz hochwertiger CNG-Systeme zulassen. Erdgas fördernde Länder, wie z. B. der Iran, haben ein starkes Interesse, das Gas auch in eigenen mobilen Anwendungen zu verwenden. In Indien und China steht mehr die Luftreinhaltung im Vordergrund.

Für Europa sehen Pläne der EU-Kommission vor, bis zum Jahr 2020 einen Anteil von 23 % des Benzin- und Dieselverbrauchs durch alternative Kraftstoffe zu ersetzen. Der Hauptbeitrag von 10 % soll durch Erdgas gedeckt werden. Hauptmärkte der Erdgasfahrzeuge in Europa sind derzeit (Stand Juni 2012) Italien und Deutschland. In Deutschland wird der Einsatz von Erdgas in Kraftfahrzeugen bis Ende 2018 wegen seiner günstigeren Umwelteigenschaften in Form eines reduzierten Mineralölsteuersatzes gefördert. Dadurch kann das Energieäquivalent Erdgas an den Tankstellen rund 50 % günstiger angeboten werden als Benzin.

Im NAFTA-Gebiet (Nordamerika) ist noch keine nennenswerte Entwicklung zu erkennen, da marktstrukturelle Anreize fehlen. Durch neue Fördertechniken können nun auch Shale-Erdgasvorkommen erschlossen werden, wodurch eine positive Marktentwicklung zu erwarten ist.

Erdgas ist weltweit verfügbar. Je nach Her-

Land	Erdgas-Fahrzeuge	Erdgas-Tankstellen
Iran	2 859 386	1 800
Pakistan	2 850 500	3 330
Argentinien	2 077 581	1 913
Brasilien	1 702 790	1 792
Indien	1 100 376	724
Italien	779 090	860
China	611 900	2 300
Kolumbien	365 168	651
Usbekistan	310 000	175
Thailand	305 290	470
Armenien	244 000	345
Ukraine	200 019	294
Bangladesh	200 000	600
Ägypten	165 392	146
Bolivien	140 400	156
Peru	129 981	179
U.S.A.	112 000	1 100
Deutschland	96 215	903

kunft variiert jedoch die Zusammensetzung. Dadurch ergeben sich Auswirkungen auf Dichte, Heizwert und Klopffestigkeit. Für den Einsatz im Kraftfahrzeug ist die Kraftstoffzusammensetzung in der DIN 51624 geregelt. Ein zusätzlicher Vorteil ist, dass der Hauptbestandteil Methan auch regenerativ aus Biomasse hergestellt werden kann. Zusätzlich sind Verfahren in Entwicklung, Methan aus überschüssiger elektrischer Energie von Windkraftanlagen, Kohlendioxid und Wasser zu erzeugen. Hierdurch wäre der CO_2-Kreislauf geschlossen und die langfristige Verfügbarkeit gesichert.

Da Erdgas bisher noch nicht flächendeckend an Tankstellen erhältlich ist, sollten CNG-Fahrzeuge als Bifuel-System auch weiterhin konventionell mit Ottokraftstoff betreibbar sein.

Eigenschaften von Erdgas

Der Hauptbestandteil von Erdgas ist Methan (CH_4, siehe Tabelle 2). Damit besitzt Erdgas den höchsten Wasserstoffanteil aller fossilen Kraftstoffe. Bei der Verbrennung entstehen bei gleichem Energieumsatz ca. 25 % weniger CO_2-Emissionen gegenüber Benzin.

Die Rohemissionen der Kohlenwasserstoffe (HC) des Erdgasmotors liegen wegen der einfacheren Molekülstruktur von Methan und durch die gasförmige Einblasung deutlich unter denen des Benzinmotors. Der Ausstoß von nichtlimitierten Schadstoffen (Aldehyde, aromatische Kohlenwasserstoffe usw.) sowie der Ausstoß von Schwefeldioxid und Partikeln wird durch den Kraftstoff Erdgas nahezu vollständig vermieden.

Erdgas besitzt eine sehr hohe Klopffestigkeit von bis zu 132 ROZ (im Vergleich dazu liegt Benzin bei 91…100 ROZ). Dadurch kann die Verdichtung gegenüber dem Benzinmotor erhöht und damit der Wirkungsgrad um bis zu 5 % gesteigert werden. Gleichzeitig eignet sich der Erdgasmotor

			CNG G20	CNG G25	CNG-H Nordsee	Benzin ROZ 95	LPG Autogas
Zusammensetzung	N_2 (Stickstoff)	[%]	–	14	1	–	–
	CH_4 (Methan)	[%]	100	86	85	–	–
	C_2H_6 (Ethan)	[%]	–	–	9	–	30
	C_3H_8 (Propan)	[%]	–	–	3	–	70
	C_4- … C_{10}-Verbindungen	[%]	–	–	2	100	–
Eigenschaften	Oktanzahl		130	136	–	95	105
	Zündtemperatur	[°C]	595	595	–	≈ 400	450
	Stöchiometrie		17,2	13,4	16,1	14,7	15,5
	Heizwert	[MJ/kg%]	50,0	38,9	46,8	43,5	45,8
	Gemischheizwert	[MJ/m³]	3,39	3,34	3,44	3,76	3,70
	Tankdruck (bei 20 °C)	[bar]	200	200	200	1	4,7
	Dichte (bei 20 °C und 20 MPa)	[kg/l]	0,16	0,17	–	0,75	0,56
	Energie-Speicherdichte	[MJ/l]	8,0	6,6	–	32,6	25,6

ideal zur Aufladung. In Kombination mit einem Downsizing-Konzept, bei dem der Hubraum verkleinert und gleichzeitig der Motor bis zur ursprünglichen Leistung aufgeladen wird, ist eine zusätzliche Wirkungsgradverbesserung und somit eine weitere CO_2-Reduktion möglich.

Kraftstofftank und Reichweite

Methan ist bei Temperaturen oberhalb von –82,5 °C immer gasförmig, auch bei hohem Druck. Deshalb wird Erdgas im Fahrzeug in der Regel gasförmig bei einem Überdruck von 20 MPa in Stahl- oder Kohlefaserbehältern gespeichert. Trotzdem ist, im Vergleich zum konventionellen Kraftstoff Benzin, für gleichen Energieinhalt der volumetrische Speicherbedarf viermal so groß. Durch optimierten Einbau mehrerer Druckspeicher (z. B. Unterbringung der Tanks unterhalb des Fahrzeugbodens, siehe Bild 1) lassen sich dennoch Reichweiten von derzeit ca. 400 km erreichen, ohne zusätzlich das Kofferraumvolumen verkleinern zu müssen.

Alternativ lässt sich Erdgas (Methan) un-

ter Normaldruck auch bei Temperaturen von –162 °C verflüssigen (LNG, Liquefied Natural Gas). Die Verflüssigung ist jedoch energieaufwendig und die LNG-Kraftstoffsysteme im Fahrzeug sind komplexer. Zur Bereitstellung des Gases am Einspritzventil kommt in der Regel eine Kraftstoffpumpe und ein Verdampfer zur Anwendung. Da ohne ständige Kühlung stetig geringe Methanmengen verdampfen, eignen sich LNG-Tanks nur für den Dauerbetrieb, z. B. in Nkw-Flotten. Für normale Pkw-Anwendungen sind ausschließlich CNG-Drucktanks sinnvoll.

Motorleistung

Bedingt durch den ausschließlich gasförmigen Zustand des Erdgases im Saugrohr, wird bei der Gaseinblasung 10 % der Frischluft durch das Erdgas verdrängt. Bei Saugmotoren führt dies in der Volllast zu einer Leistungsreduktion gegenüber dem Benzinbetrieb. Jedoch wird, je nach Verdichtungsauslegung des Motors, im Benzinbetrieb eine Zündwinkelspätverstellung zur Klopfver-

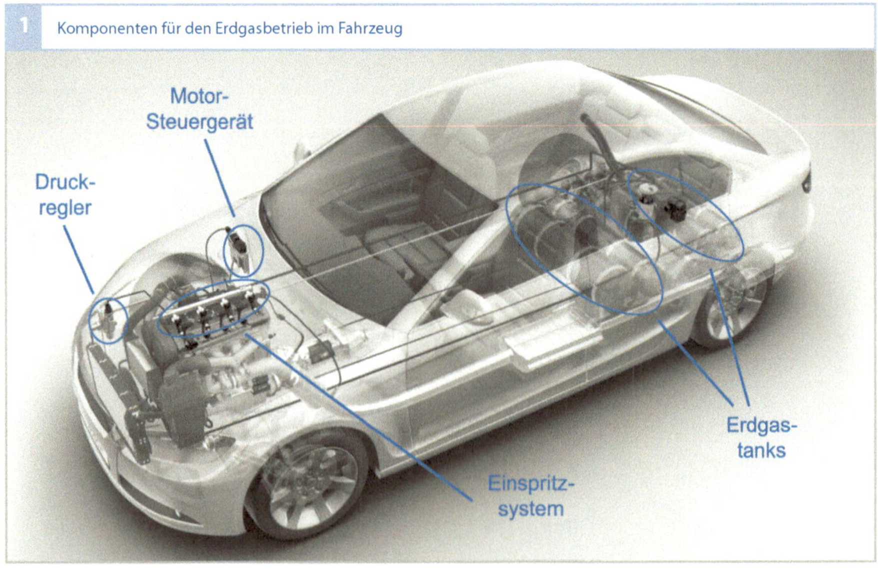

1 Komponenten für den Erdgasbetrieb im Fahrzeug

meidung gefahren. Durch die hohe Klopffestigkeit des Erdgases kann der Zündwinkel im Gasbetrieb auch in der Volllast optimal gefahren werden, was die Leistungsreduzierung durch die Luftverdrängung teilweise kompensieren kann. Insbesondere bei Motoren mit hoher Verdichtung und Turboaufladung kann durch die hohe Klopffestigkeit des Erdgases sogar eine Leistungssteigerung gegenüber dem Benzinbetrieb erzielt werden.

Gesetzliche Anforderungen

Unter Druck gespeichertes Erdgas hat eine hohe pneumatische Energie. Um eine Gefährdung durch die Beanspruchung des Fahrbetriebs und dessen äußere Einflüsse zu vermeiden, werden die Anforderungen an das Erdgassystem und seiner Komponenten in der EU-Regelung ECE R 110 vorgeschrieben. Dabei werden die zwingend zum Erdgassystem gehörenden Komponenten beschrieben und die Prüfvorschriften definiert. Im Fokus der Prüfungen liegt die Druckfestigkeit, die interne und die externe Leckage, die Erdgas-Verträglichkeit und die Korrosionsbeständigkeit. Ein wichtiger Kennwert ist die limitierte externe Leckage von maximal 15 cm³/h Erdgas unter Normbedingungen, was einer Erdgasmasse von max. 10,8 mg/h entspricht.

Grundsätzlich benötigt jede zum Erdgassystem gehörende Komponente eine Typgenehmigung, die in allen europäischen Staaten verbindlich geregelt ist. Eine Komponente mit erteilter Typgenehmigung nach ECE R 110 kann damit in allen Systemen, die dieser EU-Regelung unterliegen, verwendet werden.

Zum Beispiel wird in Deutschland die Typgenehmigung über die Technischen Dienste (z. B. TÜV, Dekra) beim Kraftfahrtbundesamt (KBA) beantragt. Der Technische Dienst ist ebenfalls für die geforderten

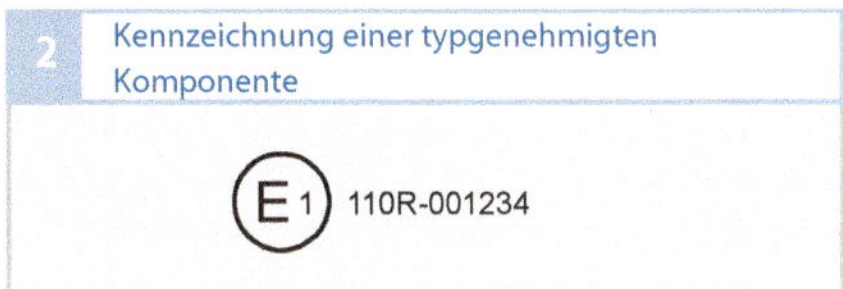

Prüfungen und die Erstellung der Dokumentation zum Antrag auf Typgenehmigung zuständig. Ebenfalls müssen im Produktionszeitraum alle Änderungen der Komponenten vom technischen Dienst bewertet und dem Kraftfahrtbundesamt gemeldet werden. Bild 2 zeigt die Kennzeichnung einer typgenehmigten Komponente.

Erdgasfahrzeuge unterliegen derselben Abgasgesetzgebung wie Benzinmotoren. Die Anforderungen sind in der EU-Regelung ECE-R83 beschrieben und beinhalten die Limitierung der Abgasemission und der notwendigen Abgasdiagnosen. Grundsätzlich müssen die Anforderungen für jedes Kraftstoffsystem separat erfüllt und nachgewiesen werden. Bifuel-Fahrzeuge, d. h. Fahrzeuge, die sowohl mit Erdgas als auch mit Benzin betrieben werden können, erfordern deshalb eine Zertifizierung für Benzin und Erdgas separat. Eine Ausnahme bilden die sogenannten „Monovalent-Plus-Fahrzeuge", bei denen das Benzintankvolumen, als „Nottank", kleiner als 15 l ausgelegt sein muss. Für „Monovalent-Plus-Fahrzeuge" müssen Abgas- und Diagnoseanforderungen nur für den CNG-Betrieb nachgewiesen werden.

Systembeschreibung

Zum Aufbau eines Bifuel-Systems wird ein konventionelles Benzinsystem um ein Erdgas-Kraftstoff-System, bestehend aus Tanksystem mit Füllstutzen, Leitungen, Druckregler und Einspritzsystem, erweitert (Bild 3).

Die Befüllung der Erdgastanks erfolgt über den Füllstutzen, im allgemeinen ein

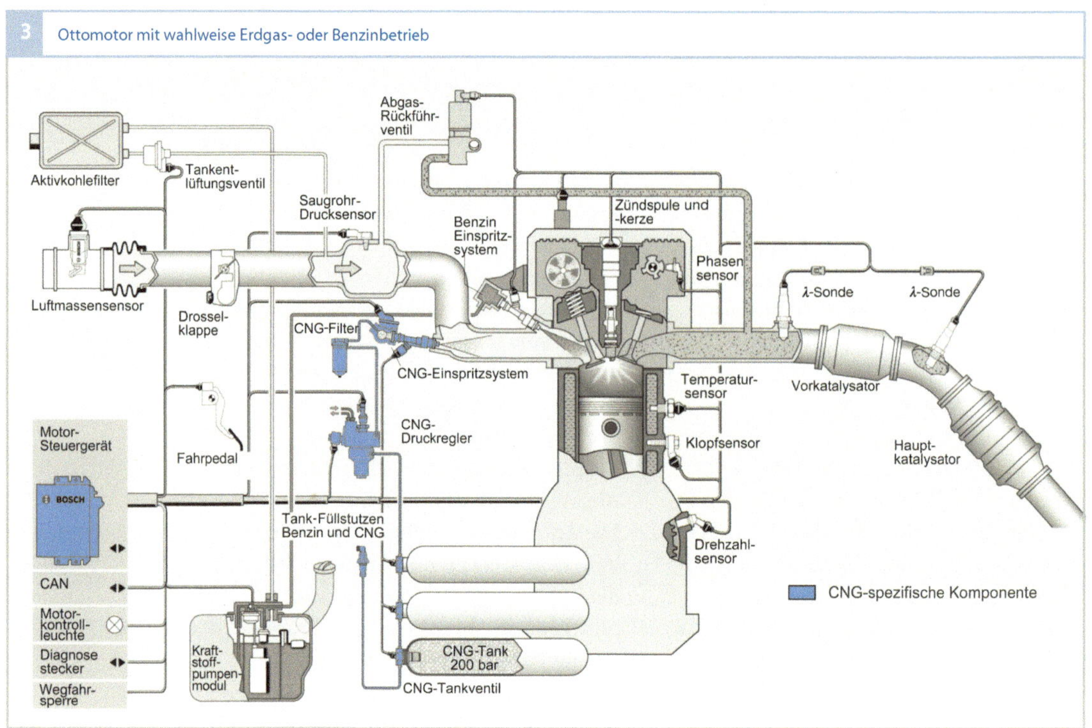

mechanisches Rückschlagventil mit Grobfilter. Die elektrischen Absperrventile werden durch den höheren Druck der Tankstelle von ca. 22 MPa mechanisch aufgedrückt und bei Druckausgleich am Betankungsende durch Federkraft wieder geschlossen.

Beim Starten des Motors werden die Absperrventile elektromagnetisch geöffnet. Das in den Tanks unter bis zu ca. 22 MPa Hochdruck gespeicherte Erdgas strömt über je ein Tankabsperrventil zum Druckregelmodul. Bei stehendem Motor sind die automatischen Tankabsperrventile stromlos und geschlossen. Eingangsseitig des Druckreglers ermöglicht ein Hochdrucksensor die Bestimmung des Tankfüllstands (für die Tankanzeige). Der Druckregler entspannt das Gas vom Tank-Hochdruck auf einen konstanten Systemdruck von ca. 0,7 MPa, mit dem das

Rail versorgt wird. Das Rail als Kraftstoffverteiler hat pro Zylinder je ein Einblasventil, welches den Kraftstoff Erdgas in das Saugrohr einbläst. Ein kombinierter Niederdruck- und Temperatursensor am Rail dient zur genauen Gaszumessung.

Im Gegensatz zum Benzinsystem fällt der Druck am Einspritzventil nicht mit Abkühlung des Motors und der verbundenen Dichtereduzierung des Kraftstoffes ab, sondern es steht der Gasdruck des Kraftstoffs während der gesamten Abstellzeit am Eingang des Einspritzventils an. Deshalb müssen die Einspritzventile der Gassysteme ausreichend dicht sein. Alternativ wird bei einigen Systemen ein zusätzliches Absperrventil am Rail verwendet, um den Gasaustritt in das Saugrohr zu begrenzen.

Komponenten für den Erdgasbetrieb

Tankabsperrventil

Das Tankabsperrventil (TAV) ist direkt in den Erdgastank eingeschraubt und dient als Schnittstelle zum Kraftstoffsystem im Fahrzeug. Nach Anforderungen der EU-Regelung ECE R 110 müssen folgende Funktionen im Tankabsperrventil integriert sein:

- automatisches (elektromagnetisches) Absperrventil, welches bei stehendem Motor stromlos geschlossen sein muss,
- mechanisches Absperrventils zum Absperren des Tankinhalts für Notfälle und Reparaturen,
- Überströmventil, welches bei ca. 0,6 MPa Druckdifferenz den Tank absperrt (eine Druckdifferenz von über 0,6 MPa kann nur durch einen hohen Massenstrom bei Leitungsbruch auftreten),
- Schmelzsicherung mit einer Auslösetemperatur von 110 °C, damit im Brandfall der Tankdruck nicht über den Berstdruck ansteigen kann (bei großer Hitzeentwicklung wird der Tankinhalt als Notmaßnahme gegen das Bersten in die Atmosphäre entlassen),
- optional Überdruckventil (Berstscheibe).

Druckregelmodul

Das Druckregelmodul (PR) hat die Aufgabe, den Druck des Erdgases vom Tankdruck auf den nominalen Arbeitsdruck der Einblasventile zu reduzieren. Gleichzeitig muss der Arbeitsdruck über alle Betriebszustände innerhalb einer gewissen Toleranz konstant gehalten werden. Grundsätzlich muss der Druck am gegebenen Betriebspunkt des Motors so groß sein, dass der notwendige Gasmassenstrom durch das Einblasventil in der verfügbaren Einspritzzeit eingebracht werden kann. Wiederum sollte der Druck auch so klein sein, dass das Einblasventil mit der verfügbaren Spannung (z. B. beim Start) zuverlässig öffnet und die Einblasmasse im

Bereich der zulässigen Toleranz liegt. Bei Auslegung des Systemdrucks von Motoren mit großem Massenstrombedarf und niedriger Spannung beim Start ist dies besonders zu beachten. Ideal für diese Anwendung sind elektrische Druckregler, die insbesondere bei Motoren mit einem großen Leistungsbereich im Leerlauf einen niedrigen Druck und bei voller Leistung den Maximaldruck einstellen können. Derzeit sind jedoch überwiegend mechanische Membran- oder Kolbendruckregler im Einsatz, bei denen die Druckreglerkennlinie nicht frei wählbar ist.

Druckregler haben im allgemeinen hochdruckseitig einen Sinterfilter, ein Absperrventil und einen Hochdrucksensor, der den Tankdruck zur Bestimmung der verfügbaren Kraftstoffmasse misst. Bei elektrischen Druckreglern wird die Absperrfunktion durch das elektrische Regelventil realisiert.

Niederdruckseitig schützt ein Überdruckventil am Druckregler das nachfolgende

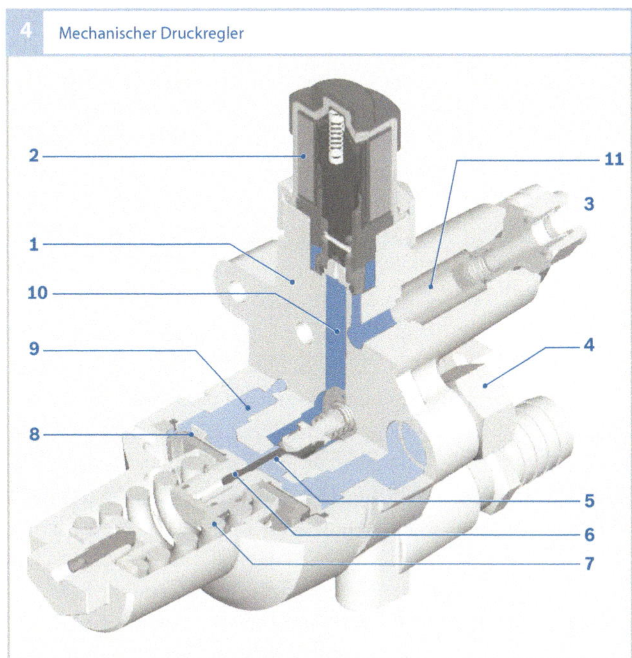

Bild 4
1 Gehäuse
2 elektromagnetisches Absperrventil
3 Hochdruckanschluss
4 Niederdruckanschluss
5 Drosselöffnung zur Druckregelung
6 Steuerstange
7 Feder
8 Membran
9 Niederdruckkammer (hellblau gezeichnet)
10 Hochdruckkammer (dunkelblau gezeichnet)
11 Filter

Niederdrucksystem für den Fall eines Defekts am Druckregler. Bei der Entspannung des Gases am Drosselventil kühlt sich das Erdgas entsprechend dem Joule-Thomson-Effekt stark ab. Um eine Fehlfunktion durch zu starke Abkühlung zu verhindern, ist der Druckregler an den Heizkreislauf des Fahrzeugs angeschlossen.

Von der Hochdruckseite kommend strömt das Gas über eine variable Drosselöffnung (5) in die Niederdruckkammer (9), wo eine Membran (8) über eine Steuerstange (6) den Öffnungsquerschnitt der Drossel (5) steuert. Bei geringem Druck in der Niederdruckkammer wird die Membran von der Feder (7) in Richtung Drossel gedrückt, die sich dadurch öffnet und den Druck auf der Niederdruckseite ansteigen lässt. Bei zu hohem Druck in der Niederdruckkammer wird die Feder stärker zusammengedrückt und die Drosselstelle schließt sich. In Abhängigkeit der Reibungskräfte, Ventilmasse, -kräfte und -dicht-

heit resultiert ein qualitativ konstant eingeregelter Systemdruck.

Bild 5 zeigt eine charakteristische Durchflusskurve und Druckauslegung für einen mechanischen Druckregler. Für den Auslegungspunkt „Systemdruck bei maximalem Massenstrom" muss der Druckabfall in der Leitung zwischen Druckregler und Einblasventilen berücksichtigt werden. Dieser ist abhängig von Massenstrom, Leitungsquerschnitten und -längen im Niederdrucksystem. Basierend auf dem maximal notwendigen Massenstrom, dem maximalen Druckabfall im Leitungssystem und der Toleranz des Druckreglers ergibt sich dessen Einstellpunkt.

Bei niedrigerem Massenstrom erhöht sich der Regeldruck und führt zu einem Druckabfall über der Last (Flow Drop), da je nach erforderlichem Öffnungsquerschnitt der Drossel eine Stellkraft nötig ist, die zu Lasten der Referenzkraft der Druckregelung geht.

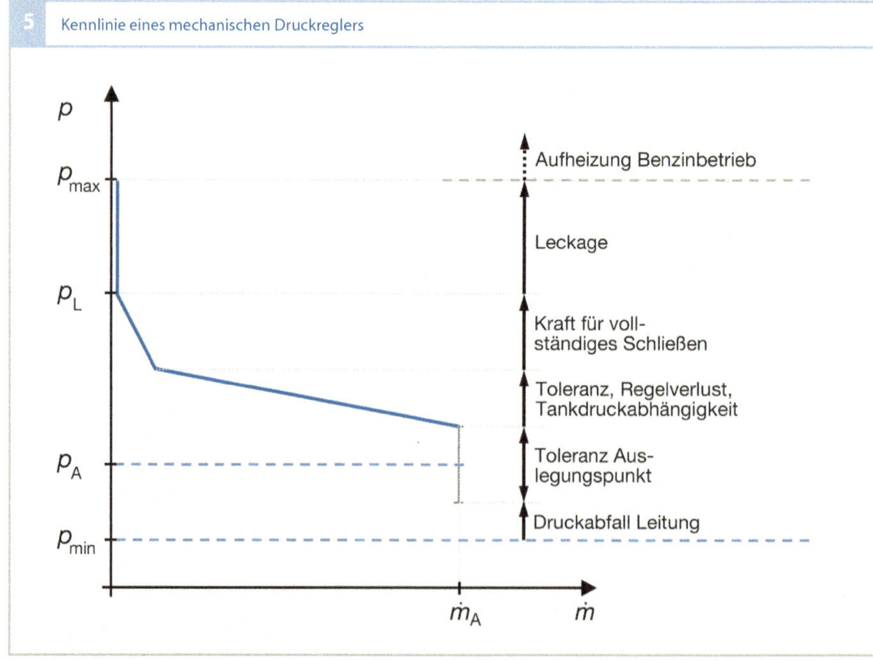

5 Kennlinie eines mechanischen Druckreglers

Bild 5
p Niederdruck im Druckregler
$\dot{m}$ Gasmassenstrom durch den Druckregler
p_A Druck am Auslegungspunkt für maximalen Massenstrom
$\dot{m}_A$ Massenstrom am Auslegungspunkt
p_L Lock-off-Druck
p_{max} maximaler Öffnungsdruck des Injektors, beim Kaltstart
p_{min} minimaler Druck für maximalen Gasmassenstrom bei Volllast

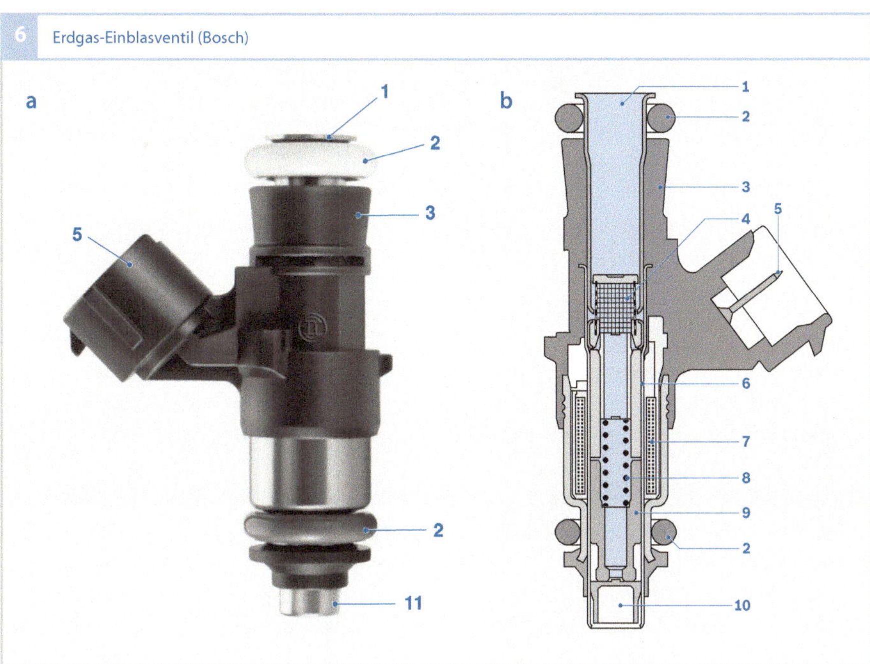

Bild 6
a   Außenansicht,
b   Schnittbild

1   pneumatischer Anschluss
2   Dichtungsring
3   Ventilgehäuse
4   Filtersieb
5   elektrischer Anschluss
6   Hülse
7   Magnetspule
8   Ventilfeder
9   Magnetanker mit Elastomerdichtung
10 Ventilsitz
11 Gasaustritt

Außerdem tritt zwischen ansteigendem und abfallendem Durchfluss eine Hysterese aufgrund von Reibungs- und Strömungsverlusten auf (in Bild 5 nicht eingezeichnet).

Bei abgeschalteter Einspritzung steigt der Druck in der Niederdruckkammer weiter an, bis sich die Drosselstelle vollständig schließt. Dieser Druck wird als Lock-off-Druck bezeichnet. Weiterhin kann eine Leckage des Druckreglers im Abstellzeitraum den Systemdruck weiter erhöhen. Da der Injektor aus Emissionsgründen eine sehr hohe Dichtheit aufweist, muss die Dichtheit des Druckreglers so ausgelegt sein, dass es in der zu erwartenden Abstellzeit nicht zu einer Überschreitung des maximalen Startdruckes des Injektors kommt.

Zur Anpassung der Druckreglerkennlinie wird bei einigen Systemen der Saugrohrdruck an das Referenzvolumen des Druckreglers angeschlossen. Insbesondere bei Turbomotoren ergibt sich dadurch bei Volllast ein höherer Druck als im Leerlauf. Im Benzinbetrieb von Bifuel-Systemen führt dieses Verhalten jedoch zu einem hohen Niederdruck, der nur im Gasbetrieb wieder abgebaut werden kann.

Gas-Injektor

Ein aktueller Gas-Injektor (Bild 6) hat mit einem aktuellen Benzin-Einspritzventil für Saugrohreinspritzung nur das Funktionsprinzip, die äußere Form und die elektrische Ansteuerung gemeinsam. Alle funktionalen Bauteile sind eigens für den Einsatz in Erdgasfahrzeugen konzipiert und neu entwickelt.

Bild 6 zeigt einen Injektor, der von oben (Top-Feed) in Längsrichtung vom Kraftstoff durchströmt wird. Bei stromloser Magnetspule hält eine Rückstellfeder den Ventilsitz geschlossen. Der Ventilsitz am unteren Ende ist als Elastomer-Stahl-Flachdichtsitz ausgeführt, um die Leckage klein zu halten. Die

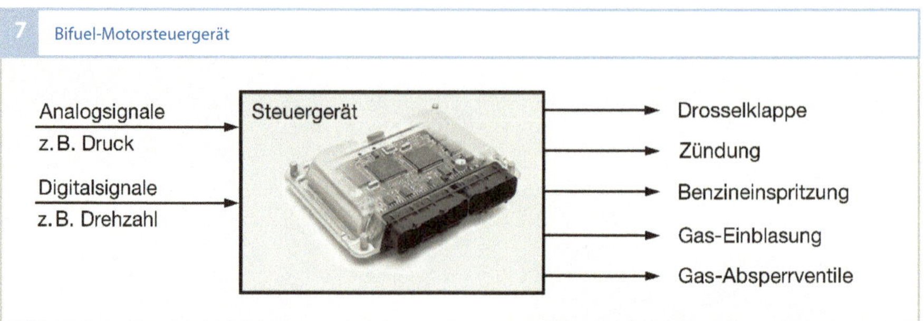

Dämpfung im Elastomer verhindert darüber hinaus ein „Prellen", d. h. ein nochmaliges ungewolltes Öffnen des Magnetankers beim Schließvorgang, und erhöht damit die Zumessgenauigkeit. Die Magnetspule mit einem Widerstand von 8,5 Ohm ermöglicht die Ansteuerung mit einer Standard-Schaltendstufe.

Bei der Strömungsführung wird der Druckverlust vor der Drosselstelle minimiert, um einen möglichst großen Massenstrom zu ermöglichen. Weiterhin wird der engste Querschnitt und damit die Drosselstelle abströmseitig hinter den Ventilsitz gelegt, um durch überkritischen Betrieb den Einfluss des Saugrohrdrucks auf den Massenstrom weitestgehend zu minimieren. An der Drosselstelle herrscht Schallgeschwindigkeit, sodass das Ventil näherungsweise der physikalischen Beschreibung einer idealen Düse gehorcht.

Bei aufgeladenen Motoren kann der Saugrohrdruck auf bis zu 0,25 MPa ansteigen. Um den Einfluss des Saugrohrdrucks auf den Massenstrom zu unterdrücken, muss an einem als überkritische Düse angenommenen engsten Querschnitt der Vordruck mindestens doppelt so hoch sein wie der maximale Saugrohrdruck. Unter Einbeziehung möglicher Druckverluste vor der Drosselstelle erfolgt eine Einstellung auf einen Systemdruck von ca. 0,7 MPa.

Bifuel-Motorsteuerung

Das Motorsteuergerät des Benzinmotors wird mittels Software und Hardware um die Gas-Funktionalitäten zu einem Bifuel-Motorsteuergerät erweitert. Durch die Integration der Gas-Funktionalität in das Motorsteuergerät werden unnötige Steckverbindungen zu einem Zusatzsteuergerät vermieden. Ebenfalls können die Adaptions- und Diagnosefunktionen der Motorsteuerungsfunktionen direkt für den Gasbetrieb angepasst werden.

Motorsteuergerät-Hardware

Zur Vermeidung der relativ hohen Kosten bei einer Änderung der Steuergeräte-Hardware werden Steuergeräte mit einer ausreichenden Zahl freier Endstufen für die Erdgaskomponenten ausgewählt. Mindestens benötigt werden: Gas-Injektor-Endstufen mit Treiber für die geforderte Anzahl der Zylinder, ein- bzw. mehrere Schaltendstufen für Absperrventile sowie A/D-Eingänge für zwei Drucksensoren und einen Temperatursensor. Gas-Injektor-Endstufen stehen standardmäßig nur als Schaltendstufen mit einer maximalen Strombelastung von 2,2 A zur Verfügung. Dafür müssen die Einspritzventile je nach Anforderung an die maximale Betriebsspannung und an die minimale Umgebungstemperatur einen Widerstand von größer als 8 Ohm haben.

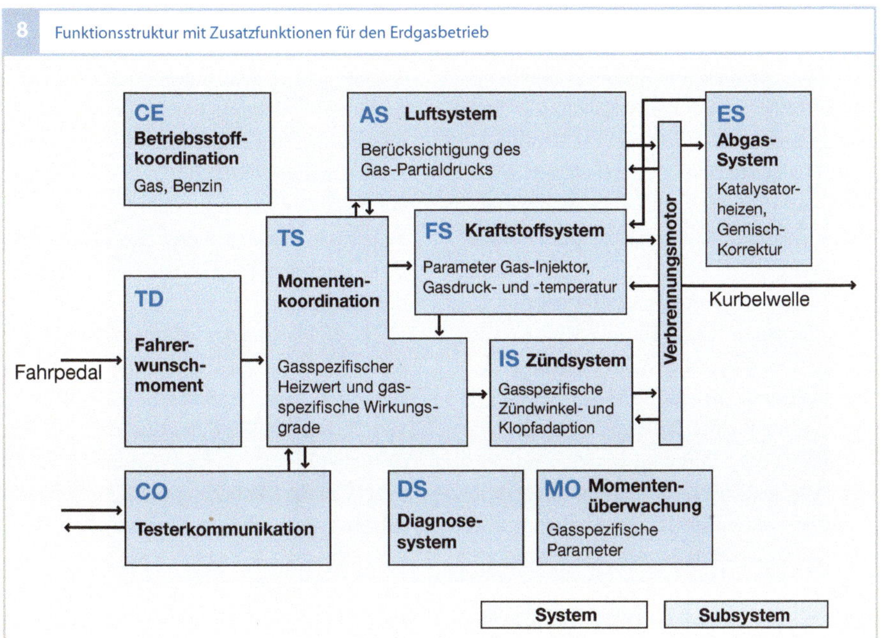

Einspritzventile mit einem Widerstand von ca. 3 Ohm erfordern stromgeregelte Endstufen mit einem Anzugsstrom von ca. 3 A und einem Haltestrom von ca. 1 A. Die dafür notwendigen stromgeregelten Endstufen und die damit verbundenen Entwicklungskosten des Steuergerätes führen zu nicht unerheblichen Zusatzkosten.

Motorsteuergerät-Software

Durch die Integration der Erdgas-Funktionalität in das Bifuel-Motorsteuergerät können die betreffenden Steuerungs-, Adaptions- und Diagnosefunktionen leicht angepasst werden. Die Entwicklung eines Schnittstellenprotokolls, wie es bei einem Zwei-Steuergeräte-Konzept notwendig wäre, ist dadurch nicht notwendig.

Bei einfachen Nachrüstsystemen wird ein Zusatzsteuergerät zwischen die Ansteuerleitungen der Benzineinspritzventile geschaltet, welches je nach Kraftstoffwahl die Benzineinspritz- oder die Gaseinblasventile ansteu-

ert. Dabei wird meistens nur die Einspritzzeit für die Gaseinblasung korrigiert. Fehlende Modifikationen der Adaptions- und Diagnosefunktionen des Benzin-Motorsteuergerätes können dabei zu Fehlfunktionen führen.

Bild 8 zeigt beispielhaft die Softwarestruktur eines Motorsteuergerätes und die Verteilung der notwendigen Modifikationen der Gasfunktionalitäten. Da die Kraftstoffwahl keinen Einfluss auf das Fahrverhalten haben soll, bleibt die Ermittlung des Motorsollmomentes unverändert. Zur Einstellung des gewünschten Motorsollmoments sind die kraftstoffspezifischen Wirkungsgrade zu berücksichtigen. Insbesondere sind die zwischen Benzin und Erdgas unterschiedlichen Faktoren für den Gemischheizwert und die Brenngeschwindigkeit auf Basis des Inertgasanteils und der Luftzahl zu berücksichtigen. Zur optimalen energetischen Ausnutzung des Kraftstoffs sind bezüglich der differierenden Brenngeschwindigkeit kraftstoffspezifische Zündwinkel zu fahren. Im Zündsystem sind zusätzlich separate Adaptionswerte für die Klopfregelung vorzuhalten, damit bei Kraftstoffwechsel die passenden Adaptionswerte sofort verfügbar sind.

Im Luftsystem ist der Partialdruck des Erdgases zu berücksichtigen. Füllungssteuerung, Adaption und Diagnose der Füllungserfassung rechnen dadurch mit den korrekten Werten, wodurch Fehlfunktionen und Fehldiagnosen vermieden werden.

Zur optimalen Abgaskonvertierung im Katalysator erfolgt auf Basis der Gemischregelung eine Kraftstoffadaption. Um die Vorsteuerung des Gemisches ausreichend genau einzustellen, sind separate Adaptionsfaktoren für Benzin und Gas erforderlich. Außerdem verändert sich die Abgastemperatur und auch die Konvertierungsfähigkeit des Katalysators im Erdgasbetrieb. Deshalb ist eine Anpassung der Parameter der Katalysatorregelung und -diagnose zur Einhaltung der Abgasgesetzgebung notwendig. Insbesondere muss die Beheizung der λ-Sonde im Start wegen des höheren Wassergehalts des Abgases im Gasbetrieb angepasst werden, um eine Beschädigung der Sonde zu vermeiden.

Gemischsteuerung

Eine Besonderheit des Erdgasmotors ist die gasförmige Injektion des Kraftstoffs in das Saugrohr. Analog zur Benzineinspritzung kommt eine sequentielle Multipoint-Einblasung zum Einsatz, bei der der Kraftstoff über ein separates Einblasventil pro Zylinder nacheinander in den jeweiligen Ansaugkanal eingeblasen wird. Dieses Verfahren ermöglicht eine gute Gemischaufbereitung durch eine zeitgenaue Steuerung der Einblasung. Durch das gasförmige Medium bildet sich kein Wandfilm an den Saugrohrwänden, so dass die Gemischbildung von der Einblasposition und -richtung nahezu unabhängig

wird. Ebenso entfällt der bei Benzineinspritzung auftretende Aufbau des Wandfilms bei Wiedereinsetzen nach der Schubabschaltung und in der Dynamik. Bei der Einblasposition ist lediglich zu berücksichtigen, dass die Einblasmenge vollständig in den Zylinder der folgenden Verbrennung gesaugt und homogenisiert wird. Anderenfalls sind Korrekturmaßnahmen während der Lastdynamik notwendig.

Zur Einblasung der geforderten Erdgasmasse wird – vergleichbar zur Benzineinspritzung – unter Berücksichtigung der Ventilkonstanten und der Gasdichte die Einblasdauer berechnet. Die Ventilkonstante ist dabei von der Gestaltung der Einblasventile abhängig und definiert den statischen Durchfluss $\dot{m}_0$, der sich bei Normbedingung und überkritischer Strömung einstellt. Die Berechnung des gasförmigen Massenstroms durch das Ventil unterscheidet sich prinzipiell von der Berechnung des Massenstroms eines flüssigen Kraftstoffs.

Die Dichte ρ von Gasen ist stärker von Temperatur T und Druck p abhängig als die von Flüssigkeiten. Die Dichte ρ_E des Erdgases beim Druck p und der Temperatur T berechnet sich aus der Normdichte ρ_0, Temperatur- und Druckkorrektur (Normbedingungen $p_0 = 1\,013$ hPa und $T_0 = 273$ K)

$$\rho_E = \rho_0 \frac{p}{p_0} \frac{T_0}{T}. \tag{1}$$

Die Auslegung des Einblasventils erfolgt auf eine überkritische Strömung mit Schallgeschwindigkeit. Die Schallgeschwindigkeit c_E im Erdgas ist temperaturabhängig und beträgt

$$c_E = c_0 \sqrt{\frac{T}{T_0}}, \tag{2}$$

wobei c_0 die Schallgeschwindigkeit im Erdgas bei der Bezugstemperatur T_0 bezeichnet. Gemäß der Kontinuitätsgleichung (siehe z. B.

[1, 2]) beträgt der Gasmassenstrom

$$\dot{m} = \rho_\mathrm{E}\, c_\mathrm{E}\, A, \tag{3}$$

wobei A die durchströmte Fläche bezeichnet. Damit kann der Gasmassenstrom in der Form

$$\dot{m}_\mathrm{E} = \dot{m}_0\, \frac{c_\mathrm{E}}{c_0}\, \frac{\rho_\mathrm{E}}{\rho_0} \tag{4}$$

angegeben werden, wobei $\dot{m}_0$ den Gasmassenstrom bei den Normbedingungen p_0 und T_0 bezeichnet. Setzt man die Gleichungen (1) und (2) ein, so ergibt sich

$$\dot{m}_\mathrm{E} = \dot{m}_0\, \sqrt{\frac{T_0}{T}}\, \frac{p}{p_0}. \tag{5}$$

Demnach ist der Gasmassenstrom direkt proportional zum Druck und umgekehrt proportional zur Wurzel der Temperatur. Durch Verwendung eines Druck- und Temperatursensors am Erdgas-Rail können die den Massenstrom beeinflussenden Größen korrigiert und die Einblasmasse damit auch bei wechselnden Umgebungsbedingungen korrekt dosiert werden.

Für eine optimale Verbrennung sollte neben der korrekten Dosierung auch der richtige Einblaszeitpunkt bestimmt werden. Dieser bestimmt die mögliche Homogenisierung des Gemisches und beeinflusst die Rohemissionen und Laufruhe des Verbrennungsmotors. Der Vorlagerungswinkel der Einblasung wird entsprechend des aktuellen Betriebspunktes appliziert.

Erdgas-Rail

Das Rail (Kraftstoffverteilerrrohr, Bild 9) hat die Aufgabe, die Gaseinblasventile gleichmäßig und pulsationsarm mit Erdgas zu versorgen. Die Gaszuführung zum Rail erfolgt in der Regel über eine flexible Niederdruckleitung. Die Gasventile werden mit Halteklammern in den Ventiltassen des Rails

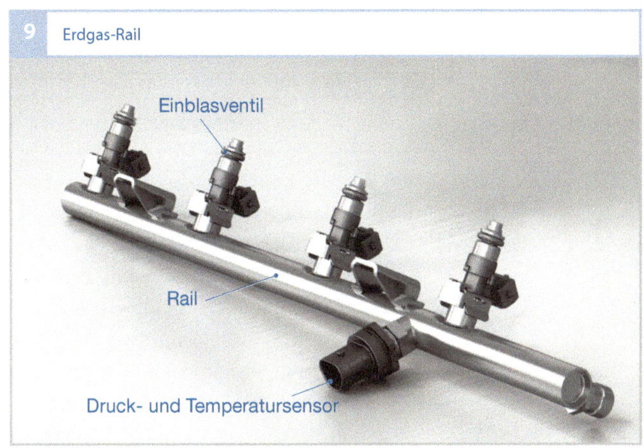

gehalten. Das Rail verfügt optional über eine Anbaustelle, an der ein Gasdruck- und Temperatursensor an das Rail angeschlossen werden kann.

Druck- und Temperatursensor

Monolithisch hergestellte Silizium-Drucksensoren sind hochpräzise Messelemente zur Absolutdruckbestimmung. Diese sind besonders für den Einsatz unter rauen Umgebungsbedingungen geeignet, wie z. B. zur Messung des absoluten Erdgasdrucks der Kraftstoffversorgung. Ein kombinierter Niederdruck- und Temperatursensor ermöglicht

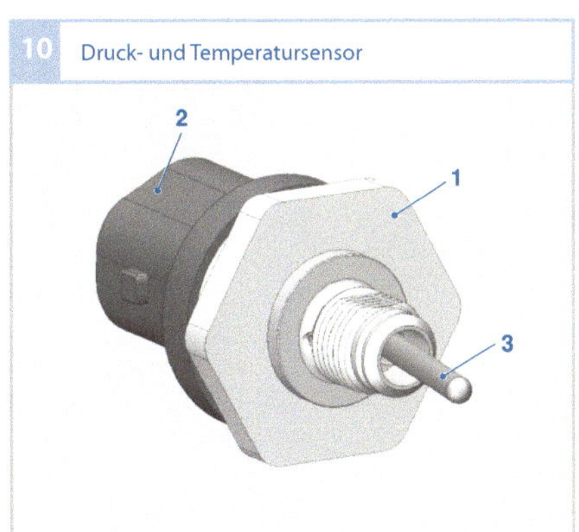

Bild 10
1 Edelstahlgehäuse
2 elektrischer
   Anschluss
3 Temperatursensor

einen kompakten Aufbau des Erdgas-Rails. Der Sensor (Bild 10) besteht aus einem Edelstahlgehäuse mit elektrischem Anschluss, in das eine Sensorzelle mit Druckmembran, Referenzdruckvolumen und Auswerteelektronik (→ **Sensoren** → Klopfsensoren) sowie ein NTC-Temperatursensor eingebaut sind.

Dem Gasdruck an der Sensorzelle entspricht eine Dehnung der Silizium-Druckmembran gegenüber einem integrierten Referenzvakuum. Die Dehnung der Silizium-Druckmembran wird über eine Widerstandsbrücke und eine Auswerteelektronik mit Temperaturkompensation in ein dem Druck proportionales Spannungssignal gewandelt. Das Sensorelement ist mit einem Glassockel und dem Edelstahlgehäuse gasdicht verklebt. Der kombinierte Niederdruck- und Temperatursensor liefert ein zum Druck proportionales Spannungssignal im Bereich von 0,5 bis 4,5 V. Außerhalb dieses plausiblen Spannungssignalbereichs können Leitungsfehler diagnostiziert werden.

Zur Erfassung der Gastemperatur ist im Sensor ein NTC-Sensorelement integriert. In das Edelstahlgehäuse des Drucksensors ist eine dünnwandige Edelstahlhülse eingeschweißt. Durch die Materialwahl Edelstahl und den geringen Wandquerschnitt ist die

Wärmeleitung vom Gehäuse zum Sensorelement vernachlässigbar. Bei den im CNG-Rail üblichen Gasströmungsgeschwindigkeiten ist eine sehr genaue Messung der Gastemperatur möglich.

Das NTC-Sensorelement ist mit entsprechendem Vorwiderstand als Spannungsteiler zu betreiben. Das Spannungssignal ist nichtlinear von der Temperatur abhängig und muss über eine Kennlinie ausgewertet werden.

Hochdrucksensor

Der Hochdrucksensor wird zur Messung des Erdgastankdrucks (Tankfüllstand) in das Druckregelmodul integriert. Der Sensor wird in das Druckregelmodul geschraubt und ist mittels Stahl-Metall-Dichtsitz gedichtet. Den Kern des Sensors bildet eine Stahlmembran, die mediendicht auf einen Gewindestutzen aufgeschweißt ist (Bild 11). Auf der Oberseite der Stahlmembran sind Dehnmessstreifen integriert. Die Dehnmessstreifen sind in einer Brückenschaltung verschaltet. Bei anliegendem Druck dehnt sich die Stahlmembran und die Brückenschaltung wird verstimmt. Die resultierende Brückenspannung ist proportional zum anliegenden Druck. Über Bonddrähte wird sie zur Auswerteschaltung mit Tempera-

Bild 11

a Außenansicht,
b Schnitt,
c Sensorelement

1 Stecker
2 Sensorelement mit Stahlmembran
3 Auswerteelektronik
4 Gehäuse
5 Einschraubgewinde
6 Dehnmessstreifen

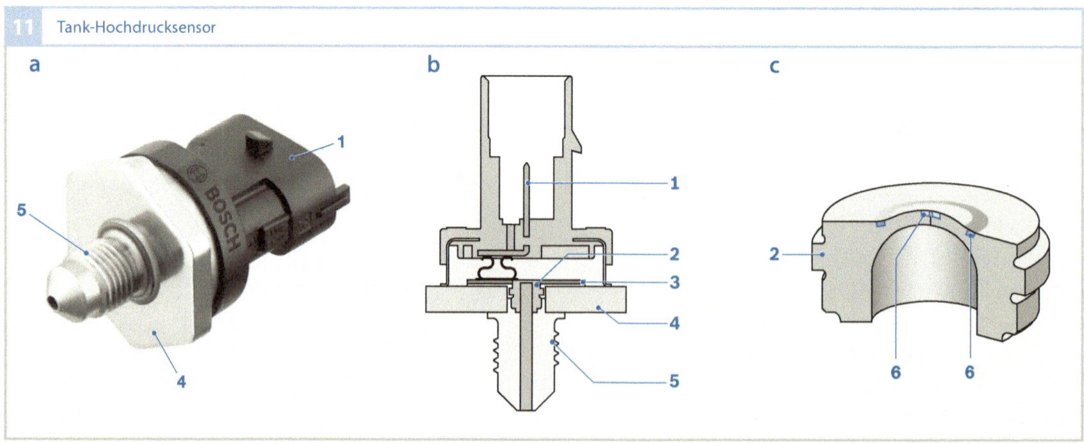

11 Tank-Hochdrucksensor

turkompensation geleitet, verstärkt und in eine Ausgangsspannung von 0,5 … 4,5 V gewandelt. Außerhalb dieses plausiblen Spannungssignalbereichs können Leitungsfehler diagnostiziert werden.

Tankabsperrventil
Je nach Bauweise unterscheidet man zwischen internen und externen Tankabsperrventilen. Beim externen Tankabsperrventil sind die einzelnen Anbauteile außerhalb der Gasflasche angebracht, wie bei einer konventionellen Gasarmatur. Bei internen Tankabsperrventilen sind alle Einrichtungen in den Ventilblock integriert und ragen in den Gastank hinein. Von außen ist nur noch eine Platte mit den Anschlüssen zu sehen. Auf diese Weise wird gegenüber dem externen Tankabsperrventil eine erhöhte Crashsicherheit erreicht, gleichzeitig ist es durch die reduzierte Höhe möglich, längere Tanks zu verwenden und damit das Tankvolumen zu vergrößern.

Die Kombination von hoher möglicher Druckdifferenz zwischen Tank und Leitungssystem von bis zu 25 MPa und dem notwendigen Öffnungsquerschnitt zum Betrieb bei nahezu leerem Tank führt zu relativ hohen Öffnungskräften, die von Magnetspulen mit einer Leistung von ca. 12 W nicht geschaltet werden können. Es gibt die folgenden Realisierungsmöglichkeiten:

Die erste Möglichkeit besteht in einem zweistufigen Öffnungsprinzip. Das heißt, es wird in einer ersten Öffnungsstufe (kleiner Querschnitt) ein Druckausgleich zwischen Tank und Leitungssystem hergestellt und erst dann der gesamte Durchströmquerschnitt über die 2. Öffnungsstufe freigegeben. Bei zweistufigen Absperrventilen ist darauf zu achten, dass der Einspritzbetrieb erst erfolgt, wenn nach Druckausgleich die 2. Stufe geöffnet ist. Anderenfalls kann es dazu kommen, dass die 2. Stufe nicht geöffnet werden kann und bei hoher Motorlast

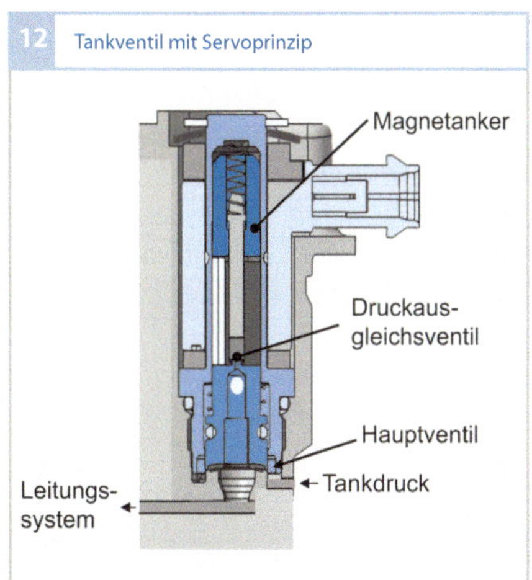

der Druck im Leitungssystem zusammenbricht.

Die zweite Möglichkeit besteht in einem einstufigen Öffnungsprinzip mit Servounterstützung. Solche Ventile sind komplexer aufgebaut, haben eine robustere Öffnungsfunktion und evtl. zusätzlich noch den Vorteil einer geringen Leistungsaufnahme von ca. 6 W. Zu beachten ist der notwendige Öffnungsdruck der Servounterstützung von ca. 0,3 MPa. Im geschlossenen Zustand besteht ein Druckausgleich zwischen einem Referenzvolumen und dem Tankdruck über eine ständig vorhandene Ausgleichsverbindung mit minimalem Querschnitt. Der hohe Druck im Referenzvolumen schließt das Tankventil. Zum Öffnen öffnet der Magnetanker ein Druckausgleichsventil, welches einen Druckausgleich zwischen Referenzvolumen und Leitungssystem hergestellt. Der Querschnitt über das Hilfsventil ist größer als die Ausgleichsverbindung von Referenzvolumen zum Tank. Durch den niedrigen Druck im Referenzvolumen kann der höhere Tankdruck den Kolben des Tankventils anheben und die Verbindung zum Leitungssystem freigeben.

Autogas

Autogas als alternativer Kraftstoff

Autogas als Kraftstoff für Verbrennungsmotoren ist wie Erdgas eine Alternative zur Reduzierung der CO_2-Emissionen und Luftreinhaltung. Autogas besteht hauptsächlich aus einem Gemisch von Propan und Butan, wird unter Druck von kleiner als 2 MPa flüssig im Fahrzeugtank gespeichert und wird deshalb auch als LPG (Liquefied Petroleum Gas, Flüssiggas) bezeichnet. Durch die Vorteile niedrigerer CO_2-Emissionen, nahezu keiner Partikelemissionen und der Möglichkeit, Benzinmotoren mit relativ geringem Aufwand an den Kraftstoff Autogas anzupassen, hat Autogas gute Voraussetzungen auch kurzfristig eine stärkere Verbreitung zu erfahren.

Markt für Autogasfahrzeuge

Propan und Butan als Hauptbestandteile von Autogas treten als Nebenprodukt der Ölförderung, des Raffinerieprozesses und der LNG-Produktion (Erdgasverflüssigung) auf. Damit ist Autogas auch längerfristig weltweit verfügbar. Autogas kann jedoch nicht regenerativ gewonnen werden. Durch die Möglichkeit der Tankstellenbelieferung mit Transportfahrzeugen ist ein flächendeckendes, wenn auch kleines, Tankstellennetz verfügbar. In Deutschland gibt es im Bezug zu konventionellen Tankstellen 40 % LPG- und 6 % CNG-Tankstellen. Daraus ergibt sich für Autogas-Fahrzeuge ein vergleichbares Marktpotential wie für Erdgasfahrzeuge, das sich allerdings auf mehrere Einspritzsystemkonzepte aufteilt. Außerdem wird der Markt bisher fast ausschließlich durch Nachrüstlösungen bestimmt. Die Hauptwachstumsmärkte sind Korea, Indien, Italien und Osteuropa.

Regional gibt es staatliche Unterstützung, z. B. in Italien einen Zuschuss beim Kauf von Autogasfahrzeugen. In Deutschland wird der Einsatz von Autogas (wie der von Erdgas) in Kraftfahrzeugen bis Ende 2018 wegen seiner günstigeren Umwelteigenschaften in Form eines reduzierten Mineralölsteuersatzes gefördert. Dadurch kann das Energieäquivalent Autogas an den Tankstellen derzeit ca. 27 % günstiger angeboten werden als Benzin.

Da Autogas im Vergleich zu Benzinkraftstoff über ein kleineres Tankstellennetz vertrieben wird, sollten sich Autogasfahrzeuge zusätzlich mit Ottokraftstoff betreiben lassen (Bifuel-Systeme). Systembedingt ist der

	Autogas, Liquefied Petrol Gas (LPG) (Propan, Buthan)	Erdgas, Biogas (Methan)
Klopffestigkeit	ROZ 110	ROZ 130
Kraftstoffkosten im Vergleich zu Benzin	73 %	50 %
Partikelemission	keine	keine
Leistungsreduktion	−9 … −13 %	−3,5 … 2,5 %
Tankstellennetz in Deutschland im Vergleich zu Benzin	40 %	6 %
Reduzierung der CO_2-Emission	10 %	25 %
Tankvolumen	40 *l*	120 *l*
Tankdruck	1,7 MPa	20 MPa

Tabelle 3
Eigenschaften von
Autogas (LPG) und
Erdgas (CNG)

Start im Benzinbetrieb auch als Maßnahme bei unpassendem Aggregatzustand (des Flüssiggases) am Einspritzventil sinnvoll.

Eigenschaften von Autogas

Für den Einsatz im Kraftfahrzeug ist die Kraftstoffzusammensetzung in der Norm DIN EN 589 geregelt. Je nach Herkunft und Zielmarkt (und davon abhängig die Temperatur) variiert die Zusammensetzung. Die Auswirkungen auf Dichte, Heizwert und Klopffestigkeit sind dabei eher gering (Tabelle 3). Durch den höheren Wasserstoffanteil entstehen bei gleichem Energieumsatz gegenüber der Verbrennung von Benzin ca. 10 % weniger CO_2-Emissionen. Die Rohemissionen der Kohlenwasserstoffe (HC) des Autogasmotors liegen (je nach System) wegen der gasförmigen Einblasung und des hohen Dampfdruckes unter denen des Benzinmotors. Wie bei Erdgasmotoren gibt es mit Autogas als Kraftstoff nahezu keine Partikelemissionen.

Autogas besitzt eine hohe Klopffestigkeit von 110 ROZ (im Vergleich dazu liegt Benzin bei 91...100 ROZ). Dadurch kann die Verdichtung gegenüber dem Benzinmotor erhöht und damit der Wirkungsgrad um ca. 2,5 % gesteigert werden. Gleichzeitig eignet sich der Autogasmotor ideal zur Aufladung. In Kombination mit einem Downsizing-Konzept ist eine zusätzliche Wirkungsgradverbesserung und somit eine weitere CO_2-Reduzierung möglich.

Die Hauptbestandteile von Autogas sind Propan (C_3H_8) und Butan (C_4H_{10}). Der Druck im Tank ergibt sich aus dem temperaturabhängigen Dampfdruck der Gase. Bei einem Druck oberhalb des Dampfdruckes ist der Kraftstoff flüssig, bei einem Druck unterhalb des Dampfdruckes ist der Kraftstoff gasförmig. Das Mischungsverhältnis

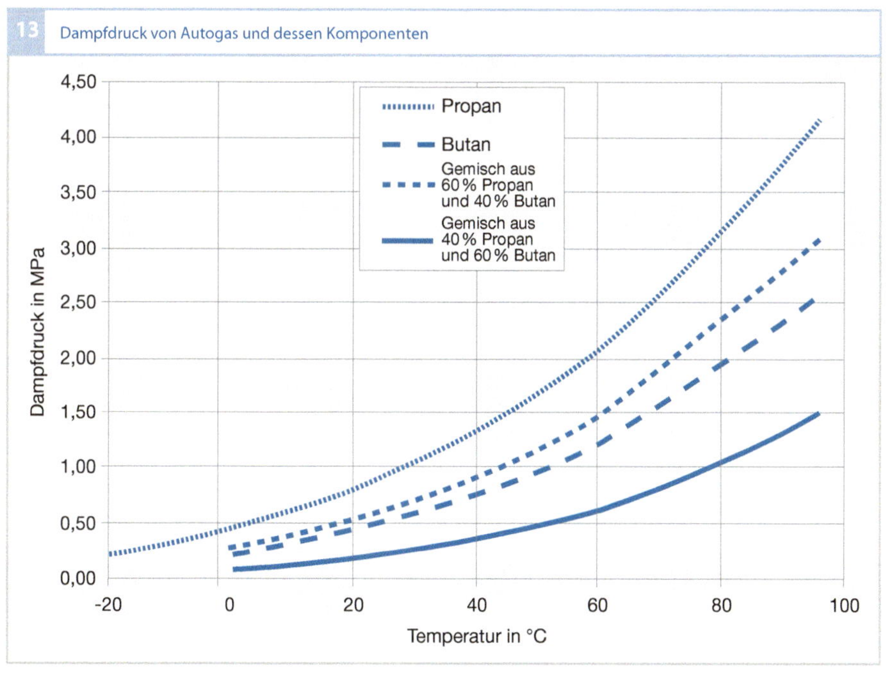

wird hauptsächlich nach dem Temperaturbereich des Anwendungslandes gewählt. In Deutschland wird im Sommer ein Verhältnis von Propan zu Butan von 4/6 und im Winter von 6/4 angeboten, um den Dampfdruck annähernd konstant zu halten.

Im Vergleich zum konventionellen Benzintank ist das LPG-Tankvolumen für den gleichen Energieinhalt um ca. 30 % größer. Der Tank wird wegen der geforderten Druckfestigkeit zylinder- oder torusförmig ausgelegt und ist nicht frei formbar.

Motorleistung

Bedingt durch den ausschließlich gasförmigen Zustand des Autogases im Saugrohr wird ca. 3,5 % der Frischluft verdrängt. Wie bei Erdgas kann dieser Leistungsverlust durch die hohe Klopffestigkeit kompensiert und sogar eine Leistungssteigerung gegenüber dem Benzinbetrieb erzielt werden.

Gesetzliche Anforderungen

Die grundsätzlichen Anforderungen für Autogas entsprechen denen für Erdgas, die in → **Alternative Kraftstoffe** → Erdgas beschrieben sind. Statt der EU-Regelung ECE R 110 kommt für Autogas die EU-Regelung ECE R 67 zur Anwendung.

Systembeschreibung

Durch Speicherung des Kraftstoffs unter Dampfdruck ist es möglich, den Kraftstoff in flüssiger Form einzuspritzen oder in gasförmiger Form einzublasen. Für die Injektion ins Saugrohr (PFI LPG, Post Fuel Injection) sind beide Varianten in Serie, die Direkteinspritzung (DI LPG, Direct Injection) ist als Konzept verfügbar.

Bei allen Systemen erfolgt die Befüllung der LPG-Tanks über den Füllstutzen, der im Allgemeinen als ein mechanisches Rückschlagventil mit Grobfilter ausgeführt ist. Die elektrischen Absperrventile werden durch den höheren Druck der Tankstelle von ca. 1 MPa über den Dampfdruck mechanisch aufgedrückt und durch Druckausgleich bei Beendigung der Betankung automatisch geschlossen. Bei stehendem Motor sind die automatischen Tankabsperrventile stromlos und geschlossen. Nach dem Starten des Motors im LPG-Betrieb werden die Absperrventile elektromagnetisch geöffnet. Wie für Erdgassysteme ist je Tank ein separates Absperrventil vorgeschrieben.

Im Gegensatz zum Benzinsystem fällt der Druck am Einspritzventil nicht mit Abkühlung des Motors und der verbundenen Dichtereduzierung des Kraftstoffes ab, sondern es verbleibt der Dampfdruck des Kraftstoffs

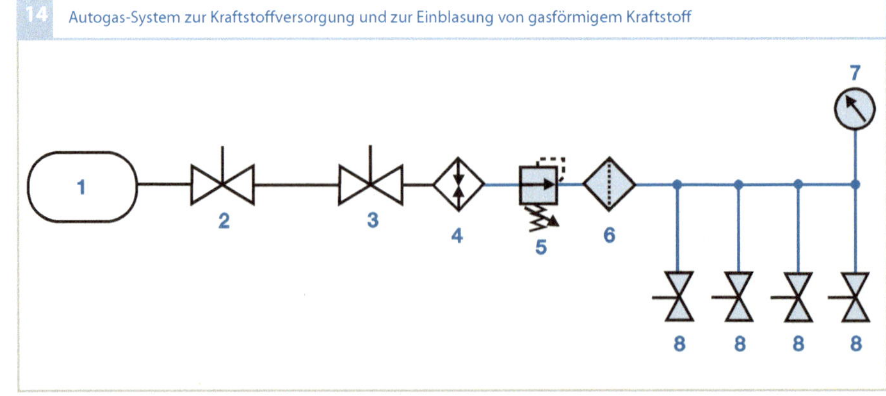

Bild 14
Die blau gezeichneten Leitungen und Elemente werden von gasförmigem Kraftstoff durchströmt.
1 LPG-Tank
2 Absperrventil
3 Absperrventil im Motorraum, optional
4 Verdampfer
5 Druckregler
6 Filter
7 Druck- und Temperatursensor
8 Einspritzventil

während der gesamten Abstellzeit am Einspritzventil. Deshalb müssen die Einspritzventile der Gassysteme ausreichend dicht sein.

Einblasung von gasförmigem Kraftstoff

Im LPG-Betrieb strömt das im Tank unter maximal 1,7 MPa gespeicherte Autogas im allgemeinen flüssig zum Verdampfer mit angeschlossenem Druckregler (Bild 14). Handelsüblich wird diese Einheit nur als Verdampfer bezeichnet. Zum Betrieb des Druckreglers muss der Kraftstoff am Eingang des Druckreglers gasförmig sein. Flüssige Anteile können zu unstetigem Regelverhalten und auch undefinierter Gemischzumessung über die Einblasventile führen. Die sichere Verdampfung erfolgt durch die Beheizung über den Heizkreislauf des Motors. Deshalb muss der Motor im kalten Zustand mit Benzin gestartet werden und kann erst nach Aufheizung in den LPG-Betrieb umgeschaltet werden.

Der Druckregler entspannt das Gas vom Tankdruck auf einen konstanten Systemdruck von ca. 0,3 MPa, mit dem das Rail versorgt wird. Verdampfungsrückstände werden von einem nachgeschalteten Filter aufgefangen, damit die Einspritzventile nicht verschmutzen oder beschädigt wer-

den. Das Rail als Kraftstoffverteiler hat pro Zylinder je ein Einblasventil (8), welches den Kraftstoff gasförmig in das Saugrohr einbläst. Ein kombinierter Niederdruck- und Temperatursensor (7) am Rail dient zur genauen Gaszumessung. Die Einspritzventile sind für die Einblasung von gasförmigem Propan dimensioniert. Deshalb darf im Autogasbetrieb keine flüssige Phase am Einblasventil vorliegen. Bei sehr tiefer Tanktemperatur kann es sein, dass der Dampfdruck nicht ausreichend ist, um die geforderte Kraftstoffmasse einzublasen. Zur Erweiterung des Betriebsbereiches kann eine Kraftstoffpumpe im Tank verwendet und eingeschaltet werden.

Einspritzung von flüssigem Kraftstoff in das Saugrohr

Im LPG-Betrieb wird das im Tank unter maximal 1,7 MPa gespeicherte Autogas durch eine Kraftstoffpumpe im Tank mit 0,6 MPa Differenzdruck direkt zu den Einspritzventilen gepumpt. Das Rail als Kraftstoffverteiler hat pro Zylinder je ein Einspritzventil, welches den Kraftstoff flüssig in das Saugrohr einspritzt, wo er verdampft. Wegen der Temperaturabhängigkeit des Tankdruckes kann am Einspritzventil ein Druck zwischen 0,6 und 3 MPa anliegen. Zur genauen Kraft-

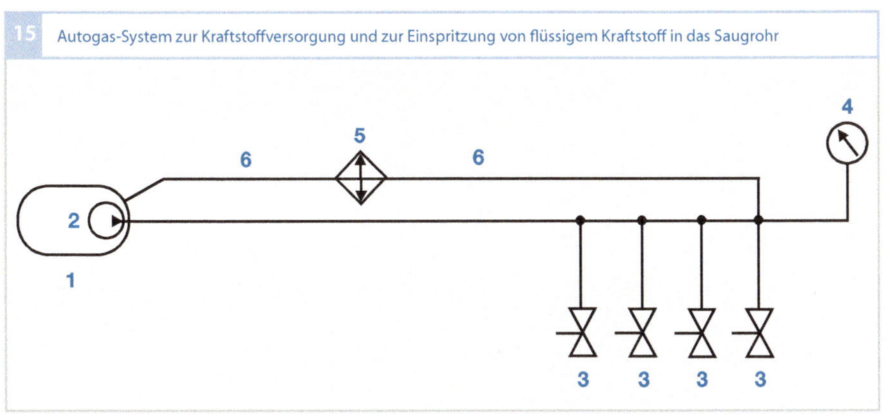

Bild 15
1 Tank
2 Kraftstoffpumpe im Tank
3 Einspritzventil
4 Drucksensor
5 Kraftstoffkühler
6 Spülleitung

stoffzumessung ist deshalb ein Niederdrucksensor am Rail erforderlich. Die Applikation der Kraftstoffzumessung sollte insbesondere die minimale Einspritzmasse bei 3 MPa und die maximale Einspritzmasse bei 0,6 MPa berücksichtigen.

Die Einspritzventile sind zur Dosierung von flüssigem Autogas dimensioniert. Deshalb darf zur Kraftstoffzumessung im LPG-Betrieb keine gasförmige Phase am Einspritzventil vorliegen. Die von der Kraftstoffpumpe gelieferten 0,6 MPa Differenz zum Dampfdruck im Tank sind ausreichend, um den Kraftstoff bis zu einer Temperaturerhöhung um ca. 15 K gegenüber dem Tank flüssig zu halten. Durch die Wärmeleitung und -einstrahlung im Motorraum ist zur Kühlung des Kraftstoffverteilers und zur Abführung von Dampfblasen eine Spülleitung zum Tank notwendig. Zusätzlich empfiehlt sich eine Kraftstoffkühlung in der Rückführleitung, um eine Aufheizung des Tanks zu vermeiden. Anderenfalls könnte der erhöhte Dampfdruck eine Betankung verhindern.

In jeder Heißabstellphase entsteht eine Dampfblase im Kraftstoffverteiler, die vor dem nächsten LPG-Betrieb ausgespült werden muss. Deshalb muss der Motor bei fehlender Spülzeit vor Motorstart mit Benzin gestartet werden und kann erst nach ausreichender Kühlung in den LPG-Betrieb umgeschaltet werden.

Direkteinspritzung von flüssigem Kraftstoff in den Brennraum

Im LPG-Betrieb wird das im Tank unter maximal 1,7 MPa gespeicherte Autogas mit einer Kraftstoffpumpe zur mechanischen Hochdruckpumpe des Benzinsystems gepumpt. Alternativ wäre auch die Einspeisung direkt vor dem Rail des Benzinsystems möglich. Die Kraftstoffzumessung erfolgt für Benzin und für Autogas über die gemeinsamen Hochdruckeinspritzventile unter Berücksichtigung des anstehenden Kraftstoffs, dessen Druck und Dichte.

Der von der LPG-Kraftstoffpumpe zur Hochdruckpumpe gelieferte LPG-Vordruck von z. B. 3 MPa ist ausreichend, um den

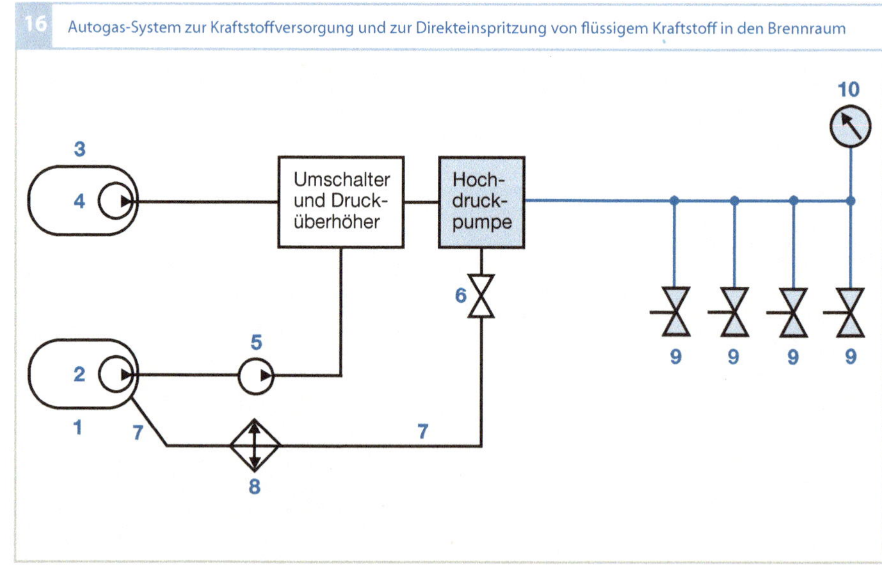

16 Autogas-System zur Kraftstoffversorgung und zur Direkteinspritzung von flüssigem Kraftstoff in den Brennraum

Bild 16
Die Hochdruckkomponenten und Leitungen sind blau markiert.
1 LPG-Tank
2 LPG-Pumpe im Tank
3 Benzintank
4 Benzinpumpe im Tank
5 Pumpe
6 Ventil
7 Spülleitung
8 Kraftstofffühler
9 Einspritzventile
10 Drucksensor

Kraftstoff bis zu einer Auslegungstemperatur von ca. 70 °C am Eingang der Hochdruckpumpe flüssig zu halten. Aufgrund der Wärmeleitung vom Motor ist zur Kühlung des Kraftstoffs und zur Abführung von Dampfblasen eine Spülung zum LPG-Tank notwendig. Diese ist so zu dimensionieren, dass die LPG-Temperatur beim Ansaugen des Kraftstoffs kleiner als die zuvor definierte Auslegungstemperatur von 70 °C ist. Bei geringerem LPG-Vordruck ist eine stärkere Kühlung auf eine entsprechend niedrigere Auslegungstemperatur notwendig. Zusätzlich empfiehlt sich eine Kraftstoffkühlung in der Rückführleitung, um eine Aufheizung des Tanks zu vermeiden. Anderenfalls könnte der erhöhte Dampfdruck eine Betankung verhindern.

In jeder Heißabstellphase entsteht eine Dampfblase am Eingang der Hochdruckpumpe und ggf. im Kraftstoffverteiler, die vor dem nächsten LPG-Betrieb ausgespült oder wieder verdichtet werden muss. Wegen des fehlenden separaten Benzinsystems kann die Spülzeit vor dem Motorstart zu einer Startverzögerung führen. Bei Umschaltung in den Benzinbetrieb muss die Umschalteinheit den Benzindruck solange auf den LPG-Vordruck erhöhen, bis das Volumen vor der Hochdruckpumpe vollständig mit Benzin gespült ist. Anderenfalls sind Dampfblasen und Funktionsstörungen der Hochdruckpumpe zu erwarten. Herkömmliche Hochdruckpumpen für die Benzin-Direkteinspritzung dürfen nicht mit dem beim Autogas-Betrieb zu erwartenden Eingangsdruck betrieben werden, da das Gehäuse, die inneren O-Ringe und gegebenenfalls vorhandene Druckpulsationsdämpfer nicht für diese Belastung ausgelegt sind.

In diesem System muss eine Vielzahl von Komponenten abgestimmt werden. Insbesondere muss das Überströmen von Kraftstoff in den jeweils anderen Tank verhindert werden, auch das von Benzin in den LPG-Tank. Dazu ist es sinnvoll, die Absperrventile zur Trennung der Kraftstofftanks doppelt auszulegen und zu diagnostizieren. Jede Komponente, auch die Hochdruckpumpe, die Leitungen, das Rail und das Direkteinspritzventil müssen für den Betrieb mit Autogas ausgelegt und typgenehmigt werden.

Flexfuel-Systeme

Ethanol als alternativer Kraftstoff

Flexfuel-Systeme sind Motorsteuerungs- und Komponentensysteme, die mit beliebigen Mischungsverhältnissen von Benzin und Ethanol zwischen zwei Grenzwerten betrieben werden können. Dabei spielt einerseits die Fähigkeit eine Rolle, wie ein System unterschiedliche Ethanolgehalte im Kraftstoff erkennen und sein Verhalten (z. B. Einspritzung und Zündung) entsprechend anpassen kann. Andererseits ist die Frage der Komponententauglichkeit sehr wichtig, um den sicheren und robusten Betrieb über die geforderte und vom Fahrzeugnutzer erwartete Lebensdauer zu ermöglichen.

Motivation

Die knapper werdenden Ressourcen fossiler Energieträger und die geforderte Reduzierung der Kohlendioxidemissionen erfordern ein Überdenken bewährter Antriebskonzepte. Dabei macht der steigende Rohölpreis die alternativen Energien zunehmend wirtschaftlich und es dringt in das Bewusstsein, dass eine nachhaltige Mobilität auch eine nachhaltige Energiebasis benötigt.

Neben Brasilien, wo bereits seit 30 Jahren Ethanol als Kraftstoff eingeführt ist, und dort als E24 und E100 (Tabelle 4) zirka 50 % des Bedarfs an Kraftstoff abdeckt, verstärken auch die USA und Europa ihre Aktivitäten,

Kraftstoff	E0...5	E10	E24	E85	E100
Maximaler Ethanolgehalt	5 %	10 %	24 %	85 %	93 %
Maximaler Wassergehalt	< 1 %	< 1 %	1 %	1 %	7 %
Minimaler Benzinanteil	95 %	90 %	76 %	15 %	0 %
Relativer Energieinhalt bezogen auf Benzin	100 %	97 %	91 %	70 %	61 %
Regionale Verbreitung	Europa	USA, EU in Einführung	Brasilien	USA, Schweden, teilweise EU	Brasilien

Tabelle 4
Zusammensetzung von Ethanolkraftstoffen

um E85 als alternative Kraftstoffsorte zu fördern. So steht neben den Potentialen zur CO_2-Reduzierung auch der Aspekt der Versorgungssicherheit und der Unabhängigkeit der Kraftstoffversorgung von fossilen Quellen und Importen im Fokus.

Das Potential zur Reduzierung des CO_2-Ausstoßes entsteht teilweise durch das günstigere Verhältnis von Kohlenstoff- zu Wasserstoffanteil der Alkohole, aber vor allem durch die positive CO_2-Bilanz bei Gewinnung aus nachwachsenden Rohstoffen. Jedoch ist es hier wichtig, die Quelle des gewonnenen Alkoholkraftstoffes zu betrachten. So hat z. B. die Gewinnung von Methanol aus Kohle (mit dem CTL-Verfahren, Coal to Liquid) eine extrem schlechte CO_2-Bilanz, während die Gewinnung von Ethanol aus Pflanzenteilen eine positive Bilanz aufweist. Die Beimischung von Methanol in nennenswerten Anteilen spielt aufgrund lokaler Besonderheiten heute nur in China eine Rolle. Zudem ist Methanol wegen seiner toxischen und stark gesundheitsgefährdenden Wirkung sehr kritisch zu sehen. Im Folgenden wird unter Flexfuel-Betrieb der Betrieb mit Ethanolkraftstoffen verstanden.

Markt für Flexfuel-Fahrzeuge

Unter Flexfuel versteht man Mischungen von Ottokraftstoff und Ethanol in beliebigem variablen Verhältnis. Hauptsächlich wird heute zwischen zwei Mischungsbereichen von Ethanolmischungen im Flexfuel-Umfeld unterschieden: Mischungen zwischen reinem Benzin und E85 (vor allem Europa, besonders in Schweden und in Nordamerika) und zwischen E24 und E100 in Brasilien. Aktuell wird in Brasilien die untere Grenze Richtung E18 erweitert. Eine weitere Besonderheit besteht in der Tatsache, dass der E100-Kraftstoff laut Norm bis zu 7 % Wasser und real im Feld 10...15 % Wasser enthält. Mit dem erhöhten Wasseranteil ist auch eine erhöhte Leitfähigkeit und die stärkere Präsenz von Salzen verbunden. Dies ist der Grund dafür, dass es in der Regel für die Anwendungsfälle E85 und E100 zwei separate Varianten einer Komponente gibt und auch spezifische Anpassungen in der elektronischen Motorsteuerung vorgenommen werden.

Merkmal	Einheit	Benzin	Ethanol	Auswirkungen
Energiedichte, Energie pro Volumen	kJ/l	32 500	21 200	– größere Einspritzmenge nötig
Energiedichte, Energie pro Masse	kJ/kg	43 900	26 800	– kritisch für Kaltstart
Luft-Kraftstoff-Verhältnis	–	14,8	9,0	– mehr Wandfilm
Siedepunkt	°C	25…215	78	+ mehr Leistung, besserer Wirkungsgrad (stärkere Luftkühlung)
Verdampfungsenthalpie	kJ/kg	380…500	904	
Oktanzahl	ROZ	> 91	108	+ Klopfgrenze
H/C-Verhältnis	–	2,3	3	+ mehr Leistung, besserer Wirkungsgrad

Tabelle 5
Eigenschaften von Ethanol

Eigenschaften von Ethanol und daraus folgende Anforderungen

Die spezifischen und vom normalen Ottokraftstoff abweichenden Eigenschaften von Ethanol sind in Tabelle 5 dargestellt. Diese haben Auswirkungen auf das Systemverhalten und auf die Komponenten im System, die direkt oder indirekt mit Kraftstoff in Kontakt kommen.

Eine wesentliche Rolle spielt die geringere Energiedichte und auch die durch die chemische Komposition bedingte abweichende Stöchiometrie des Ethanol, was zu stark erhöhten Förder- und Einspritzmengen des Kraftstoffsystems führt. Kritisch für das Startverhalten bei sehr niedrigen Temperaturen ist die hohe Siedetemperatur und die hohe Verdampfungswärme. Für den Betrieb bei hohen Motortemperaturen und an der Klopfgrenze sind aber auch vorteilhafte Effekte durch die hohe Verdampfungsenthalpie und die bessere Klopffestigkeit zu erwarten.

Diese genannten Eigenschaften des Ethanols und deren Auswirkungen machen es erforderlich, den Verbrennungsmotor selbst, aber auch das Motorsteuerungssystem und seine Komponenten entsprechend anzupassen. Wichtig ist zudem, dass die Ethanolkraftstoffe nicht als reine Kraftstoffe mit festem (und somit bekanntem) Ethanolgehalt im Kraftstofftank vorliegen, sondern durch Vermischung unterschiedlicher Ethanol-Kraftstoffe im Tank sowie durch regional und saisonal abweichende Ethanolbeimischungen der Tankstellen in den USA durch sogenannte „Blender Pumps" in beliebiger Mischung dem System zugeführt werden. Dadurch wird auch eine robuste und genaue „On-Board-Erkennung" des aktuellen Ethanolgehaltes erforderlich.

Für die in einem System verbauten Komponenten ist die höhere Korrosivität des Ethanols zu berücksichtigen. Für die Erreichung von Verdunstungsgrenzwerten spielt die höhere Permeationsneigung der Ethanolmoleküle eine wichtige Rolle.

Systembeschreibung

Systemanpassungen

Die Fahrzeughersteller verfolgen regional unterschiedlich verschiedene Motorkonzepte und Marketingstrategien. So werden auf dem US-Markt vorrangig nur die Anpassungen vorgenommen, die notwendig sind, um die Fahrzeuge als Flexfuel-Fahrzeuge anbieten zu können. Dabei geht es um die grundsätzliche Verträglichkeit für Flexfuel, ohne die vorteilhaften Ethanoleigenschaften gezielt auszunutzen. Im realen Fahrzeugbetrieb kommt es auch nur gelegentlich zum

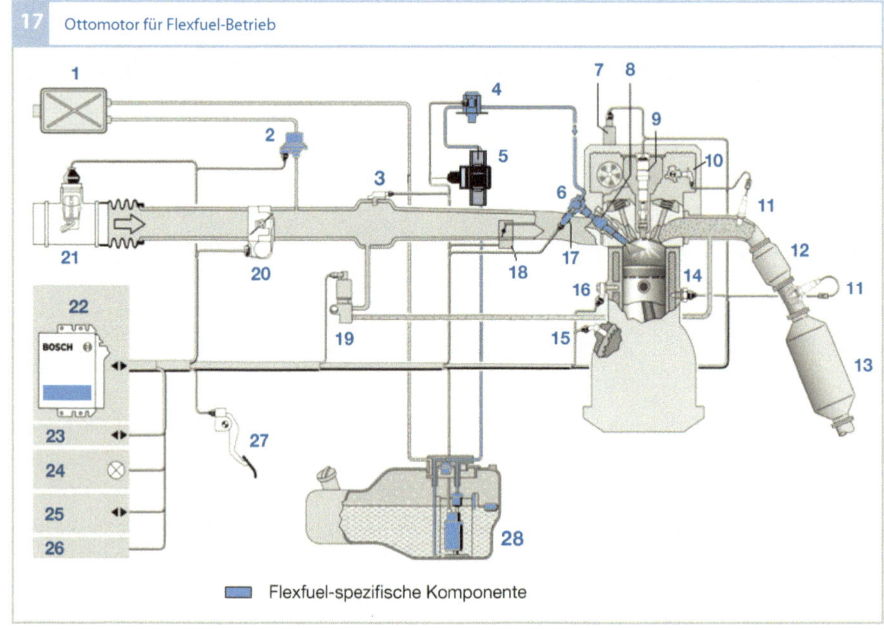
17 Ottomotor für Flexfuel-Betrieb

Einsatz mit höheren und variablen Ethanol-
gehalten.

Ein anderes Konzept wird dagegen in Europa verfolgt, bei dem sowohl die Wirkungsgradsteigerung des Motors als auch die ge-
steigerte Leistung im E85-Betrieb als Vorteil
ausgenutzt und bei der Vermarktung des
Fahrzeugs herausgestellt wird. Nur in Brasilien ist bisher der letzte konsequente Schritt
zu beobachten, dass die Motorenhersteller
auch die Verdichtungsverhältnisse der Motoren anheben, da auf diesem Markt bereits
das Benzin generell mindestens 24 % Ethanol enthält und damit eine höhere Oktan-
zahl (und damit eine höhere Klopffestigkeit)
erreicht. Bezüglich des Anpassungsgrades
der Systeme gibt es unterschiedliche Ausprä-
gungen, die sich nach der angestrebten Strategie richtet.

Bezüglich der Komponententauglichkeit
müssen sowohl die Kraftstoff führenden
Komponenten betrachtet werden als auch
die, die potentiell mit Kraftstoffdämpfen in

Kontakt kommen. Eine Übersicht über die
in einen Flexfuel-System anzupassenden
Systembestandteile gibt Bild 17.

Im Steuerungssystem des Motorsteuerge-
rätes und dessen Funktionen sind umfang-
reiche Anpassungen erforderlich. Im Einzel-
nen sind folgende Funktionen der
Motorsteuerung betroffen (Bild 18):
- Luftsystem; z. B. Füllungserfassung und
  Füllungssteuerung,
- Kraftstoffsystem; z. B. Mengenvorsteue-
  rung und Einspritztiming, Gemisch-Ad-
  aption,
- Abgassystem; z. B. Freigabe der Gemisch-
  regelung,
- Zündsystem; z. B. Zündzeitpunkte, Zünd-
  energie,
- Momentenstruktur; z. B. abweichende
  Wirkungsgrade bezüglich λ und Zündung,
- Diagnosesystem und Überwachung; z. B.
  Kraftstoffqualitätserkennung, Diagnose-
  schwellen.

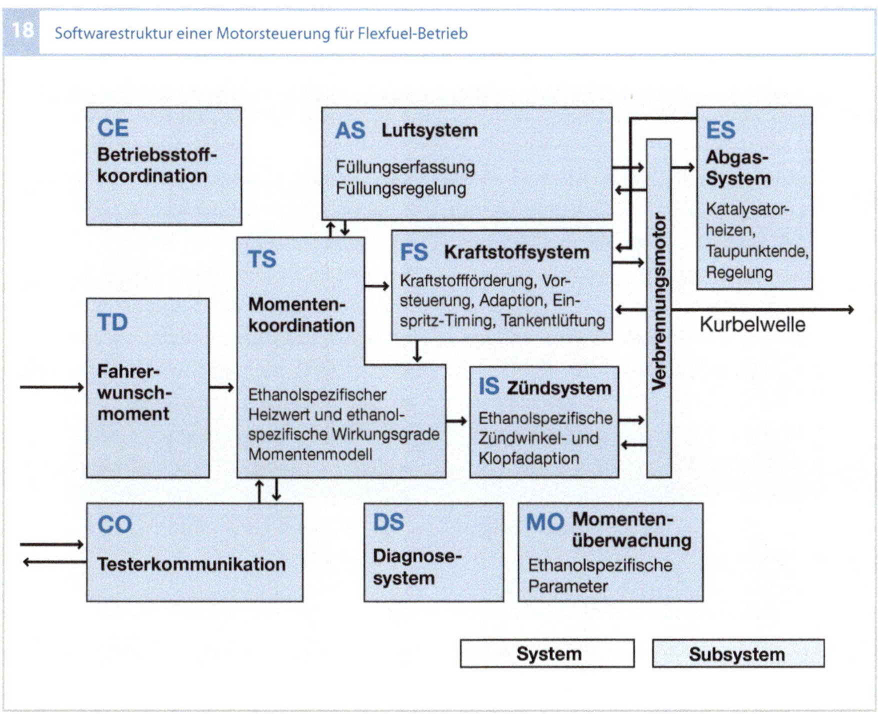

Eigenschaft von Ethanol	Vorteilhafte Nutzung
Höhere Klopffestigkeit	Optimales Zünden, besserer Wirkungsgrad, mehr Leistung
Höhere Verdampfungsenthalpie	Bessere Füllung
Schnellere Verbrennung	Optimaler Verbrennungsschwerpunkt
Niedrigere Verbrennungstemperaturen	Reduzierter Bauteilschutz mit geringerem Verbrauch

Tabelle 6
Vorteilhafte Nutzung
von Ethanol-Eigenschaften (in Bezug zu Benzin)

Eigenschaften von Ethanol	Nachteilige Folgen
Höhere Verdampfungsenthalpie	Erhöhte Anforderungen an den Kaltstart unterhalb 10 °C, größerer Wandfilm im Kaltbetrieb
Höherer stöchiometrischer Verbrauch	Größere erforderliche Einspritzmengen, längere Einspritzzeiten, Rückwirkungen auf das Brennverfahren, Höherer Kraftstoffeintrag in das Motoröl im Kaltstart
Verändertes C/H-Verhältnis	Mehr Wassereintrag, späteres Taupunktende der λ-Sonde

Tabelle 7
Nachteilige Folgen von
Ethanol-Eigenschaften
(in Bezug zu Benzin)

Bei der Systemanpassung müssen die in Bezug zu Benzin abweichenden Eigenschaften des Ethanols berücksichtigt werden, um ein verschlechtertes Systemverhalten zu vermeiden oder um in Teilbereichen ein verbessertes Verhalten zu erreichen. Die in Tabelle 6 aufgelisteten Eigenschaften können vorteilhaft genutzt werden, die in Tabelle 7 aufgelisteten Eigenschaften erfordern zwingend eine Anpassung.

Teilweise sind aber auch Neuentwicklungen von Funktionalitäten erforderlich. Beispielhaft seien hier genannt: spezielle Kaltstart-Strategien zur Erreichung von Abgasgrenzwerten bei tieferen Temperaturen (z. B. –7 °C) und zur generellen Sicherstellung des Motorstarts bei sehr tiefen Temperaturen (–30 °C), Erkennen eines stärkeren Kraftstoffeintrags in das Motoröl und Abfangen der erhöhten Ausgasung während des Warmlaufs, Erkennung wechselnder Ethanolgehalte im Tank und Diagnose der Ethanolerkennung (sensorbasiert oder sensorlos).

Flexfuel-Komponenten

Bezüglich der Komponententauglichkeit müssen sowohl die Kraftstoff führenden Komponenten betrachtet werden als auch die, die potentiell mit Kraftstoffdämpfen oder Verbrennungsgasen des Ethanols in Kontakt kommen. Eine Übersicht über die in einen Flexfuel-System anzupassenden Komponenten gibt Tabelle 8.

Änderungen in den Komponenten sind bezüglich folgender Einflüsse vorzunehmen:
- Korrosion von metallischen Werkstoffen,
- Aufquellen oder Verspröden von Kunststoff- und Gummiteilen,
- Funktionsfähigkeit von Dichtungen,
- erhöhte Permeation von Kraftstoffmolekülen durch kraftstoffführende Bauteile.

Dies erfolgt im Einzelnen durch folgende Maßnahmen:
- Verwendung spezieller Legierungen,
- Oberflächenbeschichtung metallischer Werkstoffe, speziell in mechanisch beanspruchten Kontaktpaarungen,

Komponente	Bild	Anpassung
Kraftstoff-Fördermodul		Kraftstoff-Pumpe für E85 oder E100, isolierte elektrische Verbindungen, Tankstandsgeber ethanolfest
Druckregler		Ethanolfeste Ausführung
Kraftstoff-Rail		Ethanolfeste Ausführung
Saugrohr-Einspritzventil		Erweiterter Zumessbereich
Hochdruck-Einspritzventil		Edelstahl-Ausführung, angepasster Zumessbereich
Hochdruck-Pumpe		Edelstahl-Ausführung, angepasster Zumessbereich

- Verwendung angepasster Kunststoff- und Gummi-Mischungen,
- Auswahl spezifischer Dichtungs- und Filtermaterialien,
- konstruktive Anpassungen,
- elektrische Isolation von elektrischen Kontakten.

Komponentenspezifisch sind auch erhöhte Anforderungen bezüglich größerer Durchflussmengen zu berücksichtigen. Dies ist besonders wichtig bei den Einspritzventilen, da die maximale Durchflussmenge für den erhöhten Bedarf im Ethanolbetrieb notwendig ist, aber nach wie vor die minimale Zumessmenge im Benzinbetrieb auftritt.

Literatur

[1]   A. Böge/W. Böge (Hrsg.), Handbuch Maschinenbau, 23. Aufl., Springer Vieweg 2017

[2]   K.-H. Grote und J. Feldhusen (Hrsg.), Dubbel-Taschenbuch für den Maschinenbau, 24. Aufl., Springer 2014.

[3]   GVR Gas Vehicle Report June 2012

Verständnisfragen

Die Verständnisfragen dienen dazu, den Wissensstand zu überprüfen. Die Antworten zu den Fragen finden sich in den Abschnitten, auf die sich die jeweilige Frage bezieht. Daher wird hier auf eine explizite „Musterlösung" verzichtet. Nach dem Durcharbeiten des vorliegenden Teils des Fachlehrgangs sollte man dazu in der Lage sein, alle Fragen zu beantworten. Sollte die Beantwortung der Fragen schwer fallen, so wird die Wiederholung der entsprechenden Abschnitte empfohlen.

1. Welche Merkmale hat ein Hybridantrieb?

2. Welche Funktionalitäten werden durch einen Hybridantrieb ermöglicht?

3. Wie werden die Hybridantriebe funktional klassifiziert?

4. Was sind die wichtigsten Antriebsstrukturen für ein Hybridfahrzeug und wie sind sie charakterisiert?

5. Wie werden Hybridfahrzeuge gesteuert?

6. Welche elektrischen Antriebe werden für Parallelhybride verwendet?

7. Wie ist ein Steuergerät für Hybridantriebe aufgebaut?

8. Wie ist ein Bordnetz für Hybridfahrzeuge aufgebaut und wie funktioniert es?

9. Wie ist ein Batteriesystem für Hybridfahrzeuge aufgebaut?

10. Wie funktioniert ein Batteriemanagementsystem?

11. Wie funktioniert eine Brennstoffzelle?

12. Wie wird ein Brennstoffzellensystem betrieben?

13. Aus welchen Komponenten besteht ein Brennstoffzellensystem?

14. Wie wird Wasserstoff für mobile Anwendungen gespeichert?

15. Welche Eigenschaften hat Erdgas als ein alternativer Kraftstoff?

16. Wie funktioniert der Erdgasbetrieb in einem Kraftfahrzeug?

17. Wie funktioniert der Autogasbetrieb in einem Kraftfahrzeug?

18. Wie ist ein Flexfuel-System aufgebaut und wie funktioniert es?

Abkürzungsverzeichnis

A

ABS:	Antiblockiersystem
AC:	Alternating Current (Wechselstrom)
ACEA:	Association des Constructeurs Européens d'Automobiles
AGM:	Absorbent Glass Mat (AGM-Batterie)
AGS:	Adaptive Getriebesteuerung
AMT:	Automated Manual Transmission
ASC:	Anti-Slipping-Control
ASEAN:	Association of Southeast Asian Nations
ASG:	Automatisiertes Schaltgetriebe
AS-HEV:	Axle-Split-Parallelhybrid
ASIC:	Application Specific Integrated Circuit
ASR:	Antriebs-Schlupf-Regelung
AST:	Automated Shift Transmission
ASTM:	American Society for Testing and Materials
AT:	Automatic Transmission; Automatikgetriebe (Stufenautomat)
ATF:	Automatic Transmission Fluid (Getriebeöl)
AVT:	Aufbau- und Verbindungstechnik

B

B10:	Blend (Mischung) von Dieselkraftstoff mit 10 % Biodiesel
B100:	reiner Biodiesel (100 %)
BDE:	Benzin-Direkteinspritzung
BIOS:	Basic Input Output System
BMELV:	Bundesministerium für Ernährung, Landwirtschaft und Verbraucherschutz
BMS:	Batteriemanagementsystem
BPP:	Bipolarplatte
BS:	Betriebssystem
BtL:	Biomass-to-Liquid (synthetischer Kraftstoff aus Biomasse)
BZ:	Brennstoffzelle

C

CAFÉ:	Corporate Average Fuel Efficiency
CAN:	Controller Area Network
CARB:	California Air Resource Board
CH2:	Compressed Hydrogen (Druckwasserstoff)
CH4:	Methan
CMM:	Capture Maturity Model
CNG:	Compressed Natural Gas (Erdgas)

CO: Kohlenmonoxid

CO$_2$:	Kohlendioxid
CtL:	Coal-to-Liquid (synthetischer Kraftstoff aus Kohle)
CVT:	Continuous Variable Transmission (stufenlos einstellbare Übersetzung)

D

DBC:	Direct Bonded Copper
DC:	Direct Current (Gleichstrom)
DCT:	Dual Clutch Transmission (Doppelkupplungsgetriebe)
DKG:	Doppelkupplungsgetriebe
DME:	Dimethylether
DOE:	US Department of Energy
DR-F:	Druckregler Flachsitz
DR-S:	Druckregler Schieber
DSP:	Dynamisches Schaltprogramm

E

E 5:	Blend (Mischung) von Ottokraftstoff mit 5 % Ethanol
ECU:	Electronic Control Unit (Steuergerät)
EEM:	Elektrisches Energiemanagement
EGS:	Elektronische Getriebesteuerung
EHM:	Elektrohydraulisches Modul
EKM:	Elektronisches Kupplungsmanagement
EM:	Elektronikmodul
EMV:	Elektromagnetische Verträglichkeit
EOL:	End Of Line (Bandende-Programmierung)
ESP:	Elektronisches Stabilitätsprogramm
ETBE:	Ethyl-tertiär-butyl-ether

F

FAEE:	Fatty Acid Ethyl Ester (Fettsäureethylester)
FAME:	Fatty Acid Methyl Ester (Fettsäuremethylester)
FC:	Fuel Cell (Brennstoffzelle
FCM:	Fuel Cell Management (Brennstoffzellen-Steuerung)
FE:	Fuel Efficiency
FFV:	Flexible Fuel Vehicle

G

GBF:	Getriebebedienfeld
GDL:	Gasdiffusionslage
GS:	Getriebesteuerung

GtL: Gas-to-Liquid (synthetischer Kraftstoff aus Erdgas)
GWK: Geregelte Wandlerüberbrückungskupplung

H
H_2: Wasserstoff
H_2O: Wasser
HAM: Hydrogen Air Management
HC: Kohlenwasserstoff
HEV: Hybrid Electric Vehicle (elektrisches Hybridfahrzeug)
HFM: Heißfilmluftmassenmesser
HGI: Hydrogen Gas Injector
HM: Hydraulikmodul
HS: Hauptschütz
HS: Hochschaltung
HSV: Hochschaltverhinderung
HV: High Voltage, Hochvolt
HV-Bordnetz: Hochvolt-Bordnetz
HVMS: High Voltage Monitoring System
HWT: Heizungswärmetauscher

I
IC: Integrated Circuit
IGBT: Insulated Gate Bipolartransistor
IMG: Integrierter Motor-Generator
ISIG: Inductive Signature

J
JAMA: Japan Automotive Manufactures Association

K
KAMA: Korean Automotive Manufactures Association
KSG: Kurbelwellen-Startergenerator

L
LH_2: Liquid Hydrogen (Flüssigwasserstoff)
Li-Ionen-Batterie: Lithium-Ionen-Batterie
Li-Polymer-Batterie: Lithium-Polymer-Batterie
LPG: Liquid Petroleum Gas, Flüssiggas/Autogas
LTCC: Low-Temperature Cofired Ceramic
LV: Low Voltage, Niedervolt

M
M15: Blend (Mischung) von Ottokraftstoff und 15 % Methanol
M: Moment
ME: Motoreingriff
ME: Motor-Elektronik

MEG: Motronic-Egas-Getriebe
MISRA: Motor Industry Research Association
MOF: Metal Organic Framework
MPG: Miles per Gallon
MTBE: Methyl-tertiär-butyl-ether
MV: Magnetventil

N
n: Drehzahl im Allgemeinen
n_{ab}: Abtriebsdrehzahl
n_{mo}: Motordrehzahl
n_{Tu}: Turbinendrehzahl
n.c.: normally closed (stromlos geschlossen)
NEFZ: Neuer Europäischer Fahrzyklus
NIMH-Batterie: Nickel-Metallhydrid-Batterie
n.o.: normally open (stromlos offen)
NO_x: Stickoxide

O
OBD: On-Board-Diagnose
On/Off: Ein-Aus-Schaltventil (teilweise mit o/o bezeichnet, fälschlicherweise oft nur MV oder Magnetventil genannt
OSEK: Echtzeitbetriebssystem

P
P1-HEV: Parallelhybrid mit einer Kupplung
P2-HEV: Parallelhybrid mit zwei Kupplungen
PAK: Programmablaufkontrolle
PCB: Printed Circuit Board (Leiterplatte)
PEM-BZ: Polymer-Elektrolyt-Membran-Brennstoffzelle
PEM-FC: Polymer Electrolyte Membran Fuel Cell (= PEM BZ)
PSG: Parallelschaltgetriebe (LuK)
PTC: Positive Temperature Coefficient
PTM: Powertrain Management (Triebstrangsteuerung)
PWR: Pulswechselrichter

Q
QB: Qualitätsbewertung

R
RME: Rapsölmethylester (Biodiesel mit Rapsöl)
ROZ: Research-Oktanzahl
RS: Rückschaltung
RSS: Rotational Speed Sensor
RSV: Rückschaltverhinderung

S

SAC:	Self Adjusting Clutch
S-HEV:	Serieller Hybridantrieb
SMG:	Separater Motor-Generator
SOC:	State of Charge (Batterie-Ladezustand)
SOH:	State of Health (Batterie-Alterungszustand)
SP-HEV:	Seriell-paralleler Hybridantrieb
SRE:	Saugrohreinspritzung
SW:	Software

T

TCM:	Transmission Control Module
TCU:	Transmission Control Unit
THM:	Thermisches Management
TtW:	Tank-to-Wheel („vom Tank zum Rad")
TÜV:	Technischer Überwachungsverein (Deutschland)

U

UFOME:	Used Frying Oil Methyl Ester (Altspeisefettmethylester)
UK:	Übersetzungskriterium

W

WD:	Watchdog
WK:	Wanderüberbrückungs-Kupplung
WtT:	Well-to-Tank („von der Quelle zum Tank")
WtW:	Well-to-Wheel („von der Quelle zum Rad")